超长距离光传输技术在电力系统中的应用

主 编 戴 睿
副主编 徐婧劼 项 旻 龙 函

中国水利水电出版社
www.waterpub.com.cn
·北京·

内 容 提 要

  本书主要介绍超长距离光通信技术在电力系统中的应用情况，力图从技术原理、建设实践以及系统运行维护等方面对超长距光传输技术进行多维度阐述，从而反映电力系统在该领域的丰硕成果。全书主要内容包括超长距离光传输技术理论知识，SDH 和 OTN 超长距离技术在电力系统中的应用实践，以及超长距离光传输系统施工和日常运维知识。

  本书适合为电力通信从业人员在超长距离光通信系统建设运维方面的学习和工作提供参考，也可作为高等院校相关专业的学习和参考用书。

图书在版编目（CIP）数据

超长距离光传输技术在电力系统中的应用 / 戴睿主编. -- 北京：中国水利水电出版社，2021.7
ISBN 978-7-5226-0001-7

Ⅰ. ①超… Ⅱ. ①戴… Ⅲ. ①光传输技术－应用－电力系统－研究 Ⅳ. ①TM7

中国版本图书馆CIP数据核字(2021)第197754号

书　　　名	超长距离光传输技术在电力系统中的应用 CHAOCHANG JULI GUANG CHUANSHU JISHU ZAI DIANLI XITONG ZHONG DE YINGYONG
作　　　者	主编　戴　睿　副主编　徐婧劼　项　旻　龙　函
出 版 发 行	中国水利水电出版社 （北京市海淀区玉渊潭南路1号D座　100038） 网址：www.waterpub.com.cn E-mail：sales@waterpub.com.cn 电话：（010）68367658（营销中心）
经　　　售	北京科水图书销售中心（零售） 电话：（010）88383994、63202643、68545874 全国各地新华书店和相关出版物销售网点
排　　　版	中国水利水电出版社微机排版中心
印　　　刷	天津嘉恒印务有限公司
规　　　格	184mm×260mm　16开本　13印张　316千字
版　　　次	2021年7月第1版　2021年7月第1次印刷
定　　　价	**78.00** 元

凡购买我社图书，如有缺页、倒页、脱页的，本社营销中心负责调换

本书编委会

主　　编　戴　睿
副 主 编　徐婧劼　项　旻　龙　函
参　　编　张　洪　徐　健　黄　超　冯林浩　李江波
　　　　　杨作灿　严　帅　滕得阳

前　　言

　　光纤通信是现代通信领域广泛应用的通信方式。在光纤通信的传输过程中，光信号会受到光纤的损耗、色散以及其他环境因素影响，导致光信号严重劣化。普通光纤通信系统会在一定长度的光纤链路之后设置中继站，对在前段光纤传输中衰减和变形的光信号进行放大和整形。电力系统中的光纤通信网有自己的特殊性：光缆与电力线同杆架设，且光通信站通常都设置在电厂、变电站、开关站、换流站等具有可靠电源和机房的地方，以方便施工、运行维护和管理。因此电力系统中光纤通信网的结构和站间距离主要取决于电力传输网结构。由于我国发电资源主要集中在中西部地区，而负荷中心又处于东部，因此为解决地理位置导致的能源供给矛盾，建设超特高压电网，实现西电东送成为推动国家经济建设的必由之路。

　　超特高压电力线路往往跨距较长（150km 及以上），使得随电力线同杆架设的光缆长度也超过了常规光传输距离。对于超长距离的光缆线路，传统的通信系统是依靠设置中继站，在中间节点对光信号进行放大和整形后再继续传输。然而，由于超特高压输电线路路径走向通常较为偏僻，光缆路由选择余地不大，很难找到合适的光中继站。同时，随线路沿线建设独立光中继站还需新建基础设施（包括土建、电气、消防、暖通等），建设过程中将涉及选址、征地、外接电源、施工条件等多方面因素影响，而投运后光中继站的机房动力环境、外接电源、进站光缆、光传输设备等环节出现故障也都将影响通信电路的可靠性。此外，光中继站位置距离运行维护单位一般较远，运行维护困难，故障抢修时间较长。这些因素都给光纤电路的可靠运行带来较大影响，降低了电网的安全运行水平。为了满足各种电力业务对通信的要求，提高电路的可靠性，超长距离光通信的研究课题被提上日程。

　　超长距离光通信系统具有端到端直达通路，无中继设备，运行维护成本低等特点，可有效实现超长距离直达通信，减少中继站故障环节，提高电路运行的稳定性和安全性。影响长距离无中继光纤通信系统性能的因素主要是光信噪比和信号波形的畸变。因此，提高长距离无中继光纤通信系统性能研究的重点在于如何提高系统接收端的光信噪比，减小信号畸变。超长距离无中继光纤通信系统研究的关键技术包括新型的调制码型、光放大技术、前向纠错技术、高灵敏度的光接收机、色散补偿技术以及大有效面积的传输光纤等。

超长距离光通信是电力通信系统最显著的特征之一。在电力光纤通信网形成之初，电网公司、发电企业、光通信公司、通信规划设计单位，以及相关职能部门等组织机构便着手研究超长距离光通信技术，在传输距离和传输容量上不断实现突破，取得了巨大的成绩，积累了丰富的规划、建设和运行维护经验。在 2019 年召开的国际光通信顶级学术会议"美国光纤通信展览会"（The Optical Networking and Communication Conference & Exhibition，OFC），报道了我国在超长距离光传输领域的最新成果：2.5Gbit/s 单跨距 713.2km、50Gbit/s 单跨距 670.64km、100Gbit/s 单跨距 653.35km、200Gbit/s 单跨距 601.93km 以及 400Gbit/s 单跨距 502.13km。

本书主要对超长距离光通信技术做系统性介绍，力图从技术原理、建设实践以及系统运行维护等方面对超长距离光传输技术进行多维度阐述，从而反映电力系统在该领域的丰硕成果。与市面上其他关于超长距离光传输技术的出版物相比，本书更侧重于实际应用。通过丰富的建设实例，介绍超长距离光通信在电力系统中的应用情况，为今后超长距离光通信系统的建设运维提供借鉴。

由于作者水平有限，加之编写时间较为仓促，书中内容难免会出现错误、疏漏和不当之处，敬请读者批评指正。

作　者

2021 年 1 月于成都

目　录

第1章 绪 论

1.1 背 景

当代电力系统建设往往将电力光传输网络融合其中。在输电线路建设的同时，同步将光纤复合架空地线（optical fiber composite overhead ground wire，OPGW）光缆、全介质自承式光缆（all-dielectric self-supporting optical cable，ADSS）、光纤复合相线（optical phase conductor，OPPC）光缆等电力专用光缆架设在输电线路上，构成与电网平行的电力光传输网络。电力光传输网络广泛用于厂站与厂站，厂站与调度中心之间的通信联系，担负着传送继电保护、安全自动控制装置、调度数据网、调度交换网、综合数据网、行政交换网、电视电话会议等电力通信业务和保障系统安全稳定运行的重任，是电网安全可靠运行的重要支撑。随着电网发展，电力通信业务带宽需求呈迅猛增长态势，这对现有电力光传输网络容量提出了巨大挑战。

电力光传输网络由光缆和光传输设备组成，其中光缆主要沿输电线路架设，因此其拓扑结构受制于电网形态，而电网形态又与电能资源的供需情况密切相关。由于我国幅员辽阔，2/3 的可开发水能资源分布在西北和西南地区，煤炭资源大部分蕴藏在西北地区北部和华北地区西部，而负荷中心主要集中在东部沿海地区，这导致我国电力资源与负荷中心分布不均衡，因此，超特高压技术是电网发展的必然选择。

从电网形态分析，超特高压电网构成了我国电网的骨干网架，而由于电力光传输网络拓扑结构取决于电网结构，因此电力光传输网络的骨干网架也基于超特高压电网，这就对当今电力光传输网络的发展提出了传输跨距增长和容量需求剧增两方面挑战。

1. 传输跨距增长

在特高压直流工程以及交流工程中，需根据特高压电网需求随线路架设光缆。与普通的光纤通信系统相同，电力系统中的光纤通信也会受到光纤的损耗、色散以及其他环境因素的影响，导致光信号严重劣化。为此，在建设普通光纤通信系统过程中，会在一定长度的光纤链路之后设置中继站，对在前段光纤传输中衰减和变形的光信号进行放大和整形。但电力系统中的光纤通信网（即电力光传输网络）却不能随意增设独立光中继站。要在光纤通信链路中设立独立光中继站，需征地建设通信机房，引入交流专线电源，建设进站道路及架空引入光缆，增设光电设备甚至太阳能组合电源设备。首先，由于特高压直流、交流线路走向偏僻，经过的地区往往交通不便，自然条件恶劣，光缆路由选择余地不大，这导致纯光纤中继站的选址、工程建设极为困难，建设成本高；其次，光纤中继站的机房动力环境、引入电源、引入光缆、设备运行任何一个环节出现故障，都将导致通信系统电路中断，而光中继站一般距离运行维护单位较远，导致其运行维护困难，故障抢修时间较长，给光纤电路可靠运行带来较大影响，降低电网的安全运行水平。因此，迫切要求从技

1

术上减少中继站的建设，同时研发配套的远程监控系统，进一步提高光通信系统的安全性和可靠性。减少中继站，实现无中继传输必然意味着单跨距传输距离的增长。对于超特高压电网，由于其输电线路多在 250～400km 之间，因此需要搭建 250km 及以上超长站距光传输系统，为电力生产管理提供必需的通信通道支撑。

2. 容量需求剧增

随着智能电网发展和泛在电力物理网建设，电网公司需要传输大量高清晰度视频及图片业务，以实现电网安全、稳定、可靠、高效、经济运营，这种带宽需求的井喷式增长必然对光传输网络容量，尤其是骨干光传输网络的容量施加了巨大压力。根据"十四五"电力通信业务需求分析，各级骨干光通信网容量需求都将突破 10Gbit/s，甚至达到 100Gbit/s，因此建设大容量光传输系统也迫在眉睫。

综上所述，随着电网发展，电站间的距离不断增加，光纤通信网的距离也越来越长。除此之外，大容量超长站距光纤通信增加了光通信站间传输跨距，减少了新建光中继站数量，有利于控制工程造价，降低运行维护成本，同时也提高了系统的可靠性。但同时，超长站距光纤通信又面临光信号高衰减大变形的考验。影响大容量长跨距无中继光纤通信系统性能的因素主要是光信噪比和信号波形的畸变，因此，提高长跨距无中继光纤通信系统性能的重点在于如何提高系统接收端的光信噪比，减小信号的畸变。目前大容量长跨距无中继光纤通信系统研究的关键技术包括光放大技术、新型调制码型、前向纠错技术、高灵敏度的光接收机、色散补偿技术以及低损耗传输光纤等。如何应用这些关键技术，结合工程实际情况，对大容量超长距离无中继光纤通信系统方案进行研究，通过方案论证、电路设计、系统配置和设备选型，实现电力大容量超长距离无中继光通信，尤其是如何对 250km 及以上大容量（10Gbit/s 及以上）的光传输系统进行建设运维，是目前电力系统工程中急需解决的问题，具有非常重要和紧迫的现实意义。

1.2　超长距离光传输技术发展史

超长距离光传输系统（也称"光路子系统"）及相关技术经过了如下几个阶段的发展：

第一阶段，随着掺铒光纤放大器（erbium doped fiber ampritier，EDFA）技术的成熟和发展，在发射端用掺铒光纤放大器-光功率放大器（erbium doped fiber application amplifier - booster amplifier，EDFA - BA）提高入纤功率，在接收端用掺铒光纤放大器-前置放大器（erbium doped fiber application amplifier - preamplifier，EDFA - PA）提高入设备接收灵敏度，使得单跨长距距离可以突破 100km。

第二阶段，光纤损耗的不断下降及密集型光波复用（dense wavelenghth division - multiplexing，DWDM）技术的成熟，使用窄带宽 DWMD 激光器及用色散补偿技术，使得单跨长距距离突破了 200km。

第三阶段，拉曼光纤放大器（raman fiber amplifier，RFA）技术、前向纠错编码（forward error correction，FEC）技术的成熟、发展和应用，使得单跨长距距离突破了 300km。

第四阶段，超低损耗光纤的应用及遥泵技术的应用，使得 10Gbit/s 的传输在实验室可以突破 400km。

第五阶段，近年来，相干光通信技术的发展，使得 2.5Gbit/s 单跨距传输突破 700km，10Gbit/s 单跨距传输突破 670km，100Gbit/s 单跨距传输突破 650km，400G 单跨距传输突破 500km。

由于市场的驱动和光纤通信技术的不断突破，近 20 年来，超长单跨距光传输系统发展十分迅猛。1998 年，Sano 等人利用拉曼放大原理，对脉冲宽度进行控制，实现了 300km 无中继的长距离通信。同年，美国泰科公司采用 RFA 和 EDFA 技术实现了传输速率为 8×20Gbit/s 的 240km 无中继传输，成功将 RFA 技术应用于 DWDM 传输系统。进入 21 世纪后，RFA、遥泵等放大技术已经广泛应用在长途和超长距光传输系统中。2010 年，Alcatel – Lucent 公司在美国光纤通信展览会（The Optical Networking and Communication Conference & Exhibition，OFC）上报道了单波长 10Gbit/s 系统单跨距传输距离为 601km，四波长单跨距传输距离为 574km，采用了 RZ – DPSK 码、超低损耗光纤和三阶遥泵技术。在 2011 年欧洲光通信会议（European Conference on Optical Communication，ECOC）会议上，Xtera 报道了 8×120Gbit/s 的单跨距超大容量传输技术，单跨距传输距离为 444.2km（损耗 76.6dB），采用的码型是 PM – NRZ – QPSK 码，并采用了双向 RFA 和遥泵放大技术。同年，武汉光迅科技股份有限公司（简称"光迅公司"）采用新型 SMF – 28 ULL 超低损耗光纤作为传输介质，使用相位啁啾、前向拉曼、增强型 FEC 以及前置随路远程光学泵浦放大（remote optically pumped amplifier，ROPA）技术，实现了 2.5Gbit/s 系统无中继 521km 的超长距传输。

随着相干光通信技术的发展及深化应用，近年来超长距光传输领域研究成果又创新高。2018 年，光迅公司采用基于相位调制–二进制频移键控（phase – modulation binary phase shift keying，PM – BPSK）的相干光调制技术，利用前向随旁路遥泵放大器、后向随旁路遥泵放大器、前向拉曼放大器、后向拉曼放大器以及大有效面积超低损耗光缆，实现了 713.2km（损耗 111dB）2.5Gbit/s 单跨距无电中继光信号传输，这也是迄今为止（截至 2019 年 12 月）报道的最长单跨距光路子系统。在 2019 年 OFC 会议上，光迅公司又在大容量超长距光传输领域取得突破。该公司采用基于二进制频移键控、正交相移键控（quadrature phase shift keying，QPSK）以及正交振幅调制（quadrature amplitude modulation，QAM）的相干光通信技术，利用大有效面积超低损耗光缆，通过遥泵放大器级联和优化拉曼放大器性能，成功搭建了 50Gbit/s 670.64km（损耗 103.95dB）、100Gbit/s 653.35km（损耗 101.27dB）、200G bps 601.93km（损耗 93.3dB）以及 400Gbit/s 502.13km（损耗 77.83dB）光路子系统。

回顾超长距离光传输系统的发展轨迹可以看出，无中继传输距离和传输速率的每一次提升，都与市场需求和关键技术这两方面紧密相关，也总是基于新技术的采用和关键问题的解决而实现的，同时出现了新的限制因素。这些限制因素包括色度色散容限、非线性容忍度、偏振模色散容限和放大噪声累积等。未来超长距离无中继光传输系统将在新型调制编码的基础上，采用新型光纤、分布式拉曼放大和遥泵放大技术、前向纠错技术、色散管理技术和非线性控制技术等新型技术，使得光传输系统向超大容量（更高速率和更多复用信道）和超长距离两个方向综合发展。

1.3 超长距离光传输技术在电力系统中的应用

我国电力工业发展迅速，但目前人均装机容量仅为 0.3kW，而经济持续快速增长需要充足的电力供应。2020 年，我国年均新增装机超过 3300 万 kW，年均用电增长达到 1600 亿 kW·h。这就意味着，一方面未来电力负荷增长空间巨大，电网输送能力也因此将面临巨大挑战；另一方面，电源扩容、电网发展相对滞后。近年来，我国电力需求迅猛增长导致电源建设步伐加快，电源、电网投资比例失衡使得电网建设滞后，输电能力明显不足，拉闸限电现象时有发生，严重制约了国民经济发展。电网建设的相对迟缓已经成为电力外送的瓶颈，电力供应紧张的局面仍然无法得到缓解。因此，加强电网建设迫在眉睫。此外，我国能源分布的特点还对电网建设提出了更高要求。我国煤炭水力资源比较丰富，但能源分布与负荷分布不平衡，2/3 以上的煤炭资源分布在山西、陕西和内蒙古，2/3 以上的可开发水能资源分布在四川、西藏、云南，而负荷中心却集中在能源资源相对匮乏的东部地区。为了满足未来电力负荷增长的需要，必须确保一次能源的充足供应。虽然我国地大物博，煤炭资源和水利资源比较丰富，但其分布却与电力负荷的分布不相适应。为了节约能源、降低电力工业建设投资、减少输电线路损耗、促进跨大区跨流域的水火互济和更大范围的资源优化配置，必须加强骨干网架的建设和区域电网之间的联网优化。面对电网发展的巨大机遇与挑战，结合我国国情及能源特点，必须加快建设由百万伏级交流和千伏级直流构成的国家电网特高压骨干网架，依靠科技创新突破技术瓶颈。这是一项意义重大、影响深远的工程。由于特高压电网具备超远距离、大容量、低损耗的送电能力，它将在我国未来电网发展中发挥重要作用。建设特高压电网不仅是满足我国未来电力持续增长需求的基本保证，而且有利于保障国家能源安全、优化能源资源配置，为煤电、水电基地大规模电力外送提供有效途径。建设特高压电网也是提高社会综合效益的必然选择，不仅有效提高电网安全性和可靠性，而且节省输电走廊、优化协调电源发展、减轻煤炭运输压力、促进区域经济协调发展。

电力通信网的架设依附于电网建设，而我国幅员辽阔，长跨距电力线缆普遍存在，沿电力线缆建设的光缆跨距也自然变长，长距离和超长距离传输成为电力系统通信最显著的特征之一，对于特高压电力通信网建设更是如此。特高压电网的构建，由于成本较高，因此不仅要满足当前业务发展的需求，更要具有前瞻的眼光，合理地估计未来业务的需求，在电网的传输能力上提供一种"后向扩展能力"。从这个意义出发，超长距离、超大容量传输能力毫无疑问成为特高压电网在现在乃至将来的必然发展方向。为此，国家电网公司从电力光纤通信网建设之初便着手进行超长距离传输系统的研究、建设和运维，近 20 年来积累了丰富的经验，取得了丰硕的成果。

从 2000 年至今，由最初龙泉—政平的不足 200km、到瀚海—固元的 285km、再到青新联网二通道的 346km、直到现在的酒泉—湖南工程的设计距离 397km，电力光通信的单跨距传输距离在不断突破极限。

在"十五"期间，随着三峡输变电工程跨区联网工程的建设，华中电网成为西电东送、南北互供、全国联网的枢纽，华中电网通过三沪直流、三常直流、葛沪直流与华东电网相连，通过三广直流向南方电网送电，通过灵宝背靠背直流工程与西北电网相连，通过500kV 辛安至获嘉线路与华北电网相连；东北电网与华北电网通过 500kV 高岭至姜家营双回线路相连。目前，除海南、新疆、西藏、台湾外，全国联网格局初步形成。

2005—2019 年近 15 年间，随着电网的迅猛发展，超长距离光纤传输系统在电力通信系统中得到了前所未有的发展，出现了一大批基建配套工程超长距离建设工程。如晋东南交流工程（2008 年）、向上坝工程（2009 年）、宁东工程（2010 年）、新甘石工程（2012年）、皖电东送工程（2013 年）、哈郑直流工程（2014 年）、锡盟泰州工程（2016 年）、上海庙山东工程（2016 年）、昌吉甘泉工程（2016 年）等。

同时，电网超特高压工程的通信需求极大激发了电力超长站距光传输新技术的研究，积累了大量的理论研究成果和建设运维经验。近 10 年间，电网公司对超长跨距系统的2.5G 相干技术、10G 相干技术、10G 遥泵技术、10G 光传送网遥泵技术、100G 长距离传输技术、大有效面积光纤技术等开展了多项科技项目研究。近年来超长距离电力通信科技研究项目见表 1-1。

表 1-1　　　　　　　　近年来超长距离电力通信科技研究项目

系统类型	项目线路及信息	时　间
2.5G SDH	甘孜变-西地变 361km/76dB	2012 年
	甘孜变-榆林变 348km/72dB	2012 年
	霍山变-宋埠变 406km/81dB	2013 年
	淄博-陈墩 370km/73dB	2016 年
10G SDH	哈郑专题 环县-石城 402km/75.75dB	2014 年
10G OTN	冀北电力 沽源-太平 286km/63dB	2015 年
100G OTN	扎鲁特-西郊 398.9km/82dB	2017 年
	伊犁-库车 4×100G 384km	2017 年

通过上述科技研究项目，不仅掌握了超长距离光传输关键技术，解决了超长距传输过程中的各种瓶颈问题，而且通过实际工程，对理论成果进行了进一步验证，还积累了超长距离光路子系统的建设运维经验，为今后超长站距光传输技术在电力系统中的推广及深化应用指明了方向。

1.4　电力系统中采用超长距离光传输技术的优势

超长距离光传输系统可以拓展普通传输系统的传输距离，满足电网业务各类带宽需求，已成为电力系统不可或缺的通信基础设施。随着超特高压电网和泛在物联网建设的深入推进，构建跨距更长、容量更大光路子系统的需求日益迫切。在电力系统中采用超长距离通信技术主要有三大优势：

（1）经济效益显著，不但可以减少占地面积，还可降低了运行维护成本，提高了变电站的投资收益，符合国家提出的"建设节约型社会"要求。

（2）超长站距输电线路跨越的都是高山大岭地区，海拔高，自然条件恶劣，输电线路路径走向较为偏僻，道路运输条件较差，施工条件复杂。若新建中继站，中继站距离运行维护单位较远，施工、运行维护困难，故障抢修时间较长。超长距离光缆大容量光传输技术的采用，避免了新建中继站。将设备安装在有人职守的变电站机房内，极大地减少了维护工作量，能够更快地发现问题并及时处理，从而减少事故发生，给光纤电路的可靠运行带来较大的影响，极大地提高了电网的安全运行水平。

（3）目前在全国范围内，超长站距光传输技术应用地区多为西部山区，西部地区山势陡峭，高低悬殊，植被较好，自然、宗教风景区较多。若新建野外中继站，会破坏植被，还特别需要与当地居民沟通以尊重宗教信仰。施工结束后需要特别采用当地物种进行生物措施，确保植被恢复。超长距离光缆大容量光传输技术的采用，避免了新建中继站，不会引起地表扰动，不会因植被破坏导致水土流失，不会改变当地区域土壤侵蚀类型，从根本上保护了当地生态环境。

1.5　电力超长距离光传输技术发展趋势

应当看到，虽然当前超长距离光传输领域已取得巨大成就，技术体系趋于成熟，但仍然无法完全适配在特高压智能电网和泛在物联网背景下对更长距离和更大带宽的需求。尤其是对 100Gbit/s 及以上速率大容量超长距离光传输系统方面还需进一步研究。目前业界主要有如下研究方向：

（1）利用新型编码和新一代数字信号处理技术，实现 100Gbit/s、200Gbit/s 和 400Gbit/s 高速率 OTN 超长距离系统传输。

（2）研究针对 10Gbit/s 相干技术的低速编码调制技术和相干接收机技术，从而实现相干光学器件和数字信号处理国产化。

（3）研究超低损耗大有效面积光纤相关技术，提供更好的光纤传输质量，实现超长距离传输距离突破。

（4）研究塔内光中继技术，降低光放大器功耗，节约能源。

（5）研究高阶泵浦技术，创造超长距传输距离新纪录。

（6）研究大容量光通信技术施工工艺及运维方法，提高系统可靠性和使用舒适度。

随着超长距离大容量光通信技术的深入研究，技术不断突破，建设运维经验日益丰富，超长距离光路子系统正在以超特高压电网为主要特征的智能电网、全球能源互联网和泛在物联网的建设应用中发挥巨大的作用。未来，电力通信超长距离研究不仅将向长距离、宽带化发展，还将关注系统的施工工艺和使用体验，从而更好地为国家社会经济发展提供强有力的通信支撑。

本书主要介绍超长距离光传输技术在电力系统中的应用情况。不同于之前介绍超长距技术的书籍，本书的侧重点在于超长距离光传输技术的实际应用，即如何利用相关技术，在电力系统中搭建光路子系统，在系统建设过程中采用何种施工工艺以及日常运维过程中的主要方法等。本书从问题引入，先提出超长距离光路子系统建设中所遇到的问题，再阐述解决这些问题的理论方法，然后在此基础上，列举大量系统建设实例，并就施工和日常运维过程中的要点及注意事项进行详述。本书从结构上环环相扣，层层递进，力图让读者通过本书学习到超长距光传输技术，尤其是大容量超长距离光路子系统的理论知识，并深入了解其在电力系统中的建设运维情况。本书共 5 章。第 1 章为绪论，第 2 章介绍相关理论知识，第 3 章介绍 SDH 超长距离光传输技术在电力系统中的应用情况，第 4 章介绍大容量 OTN 超长距离光传输技术在电力系统中的建设实例，第 5 章介绍超长距离光传输系统的施工和日常运维知识。

第 2 章　超长距离光传输关键技术及原理

在搭建超长距离光传输系统的过程中，需要考虑的因素主要有损耗（也称"衰耗"）、光信噪比、色散、非线性效应等。为了保证信号可以成功从发送端传输到接收端，就必须考虑这些因素对传输系统的影响，采取相应的措施和技术，去除或减小不利因素对系统性能的影响。本章主要介绍超长距离光传输面临的问题及相关技术原理。

2.1　超长距离光传输面临的挑战

2.1.1　光纤损耗受限

光纤损耗是设计光纤传输系统时非常重要的一个参数，直接关系到信号的传输距离和中继放大器的距离间隔。光纤损耗通常指的是光信号在每单位传输距离上的功率衰减，若 P_0 是入射光纤的功率，则透射功率为

$$P_T = P_0 \exp(-\alpha L) \tag{2-1}$$

式中　α ——衰减系数，是光纤损耗的物理度量；

　　　L ——传输距离。

工程上习惯使用 dB/km 的单位来表示光纤的损耗，与衰减系数 α 的关系可以描述为

$$\alpha_{dB} = -\frac{10}{L} \lg\left(\frac{P_T}{P_0}\right) = 4.343\alpha \tag{2-2}$$

光纤的衰减系数越大，对光纤无中继传输距离的限制也越大，特别是对于超长距离传输系统而言其将是一个主要的限制因素。光传输系统的受限特性如图 2-1 所示。

目前，光纤通信系统主要工作在 1310nm 和 1550nm 这两个长波段，其中 1550nm 的传输窗口与 EDFA 光放大器的工作波长相吻合，因而长距离大容量的光纤通信系统大多工作在这一波段。

光纤的衰耗实质就是长距离传输的功率受限，那么在无中继传输系统中，无中继传输距离的计算公式为

$$L = (P - P_s - M)/\alpha \tag{2-3}$$

式中　L ——无中继传输距离；

　　　P ——光发射机输出功率，dBm；

　　　P_s ——接收机灵敏度，dBm；

　　　M ——系统富裕度，dB；

　　　α ——光缆每公里衰耗，dB/km，对 1550nm 波长而言，普通单模光纤光缆的衰耗系数介于 0.2～0.25dB/km。

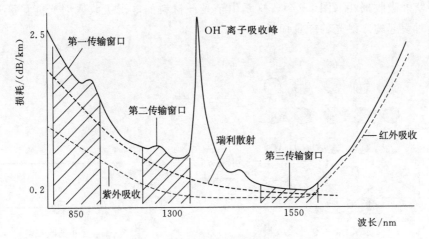

图 2-1 光传输系统的受限特性

要实现长距离传输必须满足

$$P - P_s - \Delta - Loss \geqslant M \qquad (2-4)$$

式中 Δ——通道代价，dB。

线路损耗 $Loss = L \times \alpha$，2.5Gbit/s 及 10Gbit/s APD 接收机的商用水平典型值分别为 -30dBm 及 -22dBm。

造成光纤损耗的主要因素有光纤的吸收损耗、光纤的散射损耗、光纤的接续损耗和光纤的弯曲损耗和辐射损耗。

1. 光纤的吸收损耗

这是由光纤材料和杂质对光能的吸收而引起的，它们把光能以势能的形式消耗于光纤中，是光纤损耗重要的因素。吸收损耗包括以下几种：

（1）材料固有的吸收损耗，即本征吸收，由制造光纤材料本身（如 SiO_2）的特性所决定，即便波导结构非常完美而且材料不含任何杂质也会存在本征吸收，本征吸收曲线如图 2-2 所示。它有两个频带，一个在近红外的 8~12 μm 区域里，这个波段的本征吸收是由于振动，即红外吸收损耗（图 2-3），由光波与光纤晶格相互作用，一部分光波能量传递给晶格，使其振动加剧，从而引起的损耗；另一个物质固有吸收带在紫外波段，吸收很强时，它的尾巴会拖到 0.7~1.1 μm 波段

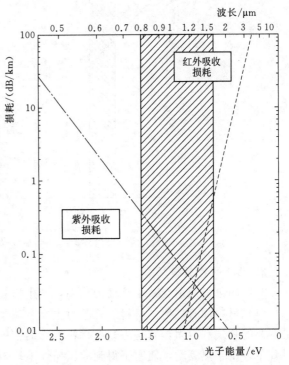

图 2-2 本征吸收曲线

里去，即紫外吸收损耗（图 2-4），这是由于光纤材料的电子吸收入射光能量跃迁到高的能级，同时引起的入射光的能量损耗。

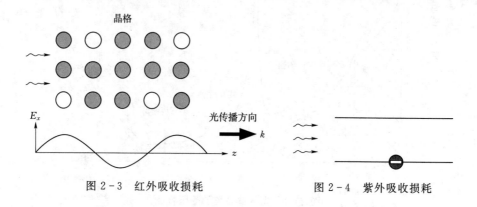

图 2-3　红外吸收损耗　　　　　　图 2-4　紫外吸收损耗

（2）材料中的杂质吸收损耗，即非本征吸收损耗，这是由光纤制造过程引入的有害杂质造成的，非本征吸收曲线如图 2-5 所示。光纤材料中含有跃迁金属如铁、铜、铬等，如金属离子 Fe^{3+}、Cu^{2+}、V^{3+}、Cr^{3+}、Mn^{3+}、Ni^{3+} 的吸收。跃迁金属离子吸收引起的光纤损耗取决于它们的浓度。另外，OH^- 离子的存在也产生吸收损耗，OH^- 离子的基本吸收极峰在 $1.4~\mu m$ 附近，吸收带在 $0.5\sim1.0~\mu m$ 这个范围。

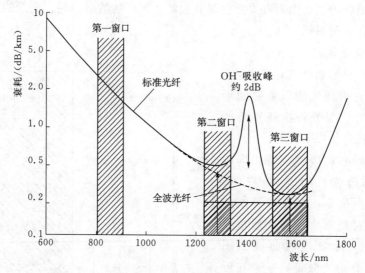

图 2-5　非本征吸收曲线

2. 光纤的散射损耗

光纤内部的散射会减小传输的功率，产生损耗。光纤的散射损耗包括以下几种：

（1）材料固有散射。材料固有散射主要有瑞利散射、布里渊散射和拉曼散射。散射中最重要的是瑞利散射，它是由光纤材料内部的密度和成分变化而引起的。光纤材料在加热过程中，由于热骚动，使原子得到的压缩性不均匀，使物质的密度不均匀，进而使折射率不均匀。这种不均匀在冷却过程中被固定下来，它的尺寸比光波波长要小。光在传输时遇到这些比光波波长小、带有随机起伏的不均匀物质时，改变了传输方向，产生散射而引起损耗。光时域反射仪（optical time-domain reflectometer，OTDR）就利用了瑞利散射进行光纤损耗测试。而布里渊散射和拉曼散射是典型的非线性散射。

（2）结构缺陷散射。任何光纤的制造过程都不可能十分完美，无论其材料本身的性质，还是其外观尺寸、形状等都会存在不完美的现象，如纤芯包层界面不光滑平整，纤芯直径变化，气泡、杂质、结晶、纹络、折射率分布的波动和微弯曲（不均匀的应力使光纤轴向产生微小的不规则弯曲）。这种类型的损耗一般与模式功率呈线性关系，因此被称为线性散射损耗。线性散射的主要特点是光的频率在散射过程没有发生变化。实际上，不均匀性并不一定引起散射损耗。只有光纤的不均匀周期小于 L_0 才会造成散射损耗。L_0 的公式为

$$L_0 = 4a / \Delta^{1/2} \tag{2-5}$$

式中　　a ——纤径；

　　　　Δ ——相对折射率差。

设 $a = 25\,\mu m$，$\Delta = 0.01$，可算出 $L_0 \approx 1mm$。

当不均匀周期大于 L_0 时，光的散射角度可能小于光纤的数值孔径，仍可在纤芯中传播，但模式发生改变，形成模耦合现象。

3. 光纤的接续损耗

影响光纤接续损耗的因素很多，主要有以下因素：

（1）本征因素。光纤的本征损耗是光纤材料所固有的一种损耗，这种损耗是无法避免的。主要是由光纤模场直径不一致、2 根光纤芯径失配、纤芯截面不圆和纤芯与包层同芯度不佳等原因造成的。

（2）非本征因素。非本征因素是光纤接续技术造成的光纤接续损耗，主要有轴心错位、轴心倾斜。如果活动连接器的连接不好，很容易产生端面分离，造成连接损耗较大。端面质量光纤端面的平整度差时也会产生损耗，甚至气泡等。

（3）其他因素。接续人员操作水平、操作步骤、盘纤工艺水平、熔接机中电极清洁程度、熔接机参数设置、工作环境清洁程度等均会影响接续损耗值。

4. 光纤的弯曲损耗和辐射损耗

光纤是柔软的，可以弯曲。可是弯曲到一定程度后，光纤虽然可以导光，但会使光的传输途径改变。由传输模转换为辐射模，使一部分光能渗透到包层中或穿过包层成为辐射模向外泄漏损失掉，从而产生损耗。当弯曲半径大于 10cm 时，由弯曲造成的损耗可以忽略。

光纤轴向产生的弯曲与光传输波长相当为微弯曲，光纤轴向产生的弯曲远大于光传输波长为宏弯曲。与多模光纤相比，单模光纤对于弯曲更加敏感。

宏弯损耗是由光纤的弯曲产生的。现代光纤最重要的优点之一就是易弯曲性，这给光纤的铺设和使用带来了很大便利，但是也给光传输带来较大损耗。若光束在光纤的平直部分与光纤的轴线成临界角传播，当遇到光纤弯曲时，光束在边界处所成的传播角大于临界值，不能满足全内反射条件，导致光束的一部分会从光纤的纤芯中逃离出去，这样到达目的地的光功率比进入光纤时的光功率小。

微弯损耗是由光纤轴线微小的畸变造成的。在光纤制造过程中施加在光纤上的压力和热应力会使光纤轴线产生微小的变化。纤芯和包层的接口在几何上的不完善可能会造成在相应区域上微观的凸起或凹陷，当光束在传输过程中遇到这些畸变点时光束的传播方向会改变。光束最初以临界角传输，经过这些畸变点反射后，传播角改变，不再满足全内反射条件，部分光束会泄露出纤芯，导致光功率减小。

2.1.2　色散受限

色散是光纤的固有特性，是指光波中不同频率分量由于在光纤中的传输速度不同而出现的脉冲展宽现象。由于脉冲展宽，导致接收端各频率分量出现串扰，影响信号接收，从而限制系统性能。

2.1.2.1　色散容限

目前，业界普遍用色散系数 D 来表征色散的严重程度。色散系数单位为 ps/(nm·km)，D 值越大说明色散越严重。同时，常用色散容限来表示保证各种速率光传输系统正常传输的最大允许色散值，其单位为 ps/nm。系统速率越高受色散影响就越大，这是由于速率越高的系统所传输的脉冲越窄，脉冲的展宽更提升了接收机对信号提取的难度。通常情况下，系统速率每提高 4 倍，色散容限就降低 1/16。

2.1.2.2　色散的分类

由于光纤折射率随光波长的变化而变化，光信号在光纤内传播的过程中会发生失真（即畸变），并且随着传播距离的增加越来越严重，当传输超过一定距离后，相邻码元之间就会产生干扰（inter symbol interference，ISI），造成接收机产生错误的电平判决，形成误码，这时候称系统为色散受限。在光纤中有三种基本的色散效应，即模间色散、色度色散（chromatic dispersion，CD）和偏振模色散（polarization mode dispersion，PMD）。

1. 模间色散

模间色散是由多模光纤中不同模式传输速度的不同引起的。在多模光纤中，由于光信号存在多种传播模式，每种模式传播速度不同导致到达接收机时间不一致，造成了信号码元的展宽。

2. 色度色散

目前通信铺设最多的是单模光纤，在单模光纤中只有一种传播模式，不存在模间色散，此时色度色散占主导地位。由于光发射机发出的光谱包含一定范围内不同成分的波长，具有一定的频谱宽度，因此不同频率分量的光到达接收机的时间就会不一样，从而造成了脉冲展宽，这就是色度色散。色度色散包括材料色散和波导色散，材料色散是由于光纤材料石英玻璃对不同光波长的折射率不同，而光源具有一定的光谱宽度，不同的光波长引起的群速率也不同，从而造成的光脉冲的展宽。波导色散是由于光纤的某一传输模式在不同的光波长下的群速度不同引起的脉冲展宽。它与光纤结构的波导效应有关，因此也被称为结构色散。一般来说，波导色散比材料色散小。对于多模光纤模间色散占主要地位。

（1）材料色散。实际中的光源很难做到完全的单色，是不同频率光的组合，而石英材料的折射率会随光波频率改变，这就造成不同频率光到达光纤中同一位置的时间不同，进

而使输入光发生展宽，引起材料色散。材料色散是由于纤芯和包层折射率与波长的相关性引起的，用单位长度的脉冲展宽来表示，即

$$\frac{\Delta\tau}{L} = |D_M(\lambda)|\Delta\lambda \tag{2-6}$$

式中　$\Delta\tau$——脉冲时延；

　　　　L——光纤长度；

　$D_M(\lambda)$——色散系数；

　　　$\Delta\lambda$——光谱线宽。

因为光脉冲的群速度和光纤的折射率有关系，光纤的折射率和要传输光脉冲的波长有关系，所以群速度与要传输光脉冲的波长也有关系。光纤中的传播常数定义为

$$\beta = \frac{2\pi n(\lambda)}{\lambda} \tag{2-7}$$

对式（2-6）、式（2-7）求微分得

$$\frac{d\beta}{d\lambda} = \frac{2\pi}{\lambda^2}\left[\frac{dn(\lambda)}{d\lambda}\lambda - n(\lambda)\right] \tag{2-8}$$

假设传输长度为 L，而 $k = \frac{2\pi}{\lambda}$ 是波数，那么有 $dk = -\frac{2\pi}{\lambda^2}d\lambda$，则单位距离上单一频率在光纤传播方向上的群延时为

$$\tau_g = \frac{1}{v_g} \approx \frac{1}{c}\frac{d\beta}{dk} = -\frac{\lambda^2}{2\pi c}\frac{d\beta}{d\lambda} \tag{2-9}$$

则由于材料色散所引起的群延迟为

$$\tau_{mat} = \frac{1}{c}\left[n(\lambda) - \lambda\frac{dn(\lambda)}{d\lambda}\right] \tag{2-10}$$

对式（2-10）左右两边取微分得

$$D_M = \frac{d\tau_{mat}}{d\lambda} = \frac{\lambda}{c}\frac{d^2 n(\lambda)}{d\lambda^2} \tag{2-11}$$

$D_M(\lambda)$ 即为材料色散系数，从色散系数公式可知，材料色散系数是要传输光脉冲波长的函数。在光纤传输的波长范围内，材料色散可正可负。

（2）波导色散。光纤的传播常数 β 和光纤中传播的光脉冲的频率有关，由这个原因引起的色散就是波导色散，也可以理解为光纤基模的群速度和归一化频率的关系所导致的色散，这种色散与光信号的谱宽、光纤本身的性质等有关。由于光源的不完全单色性，导致波长不同的光波在光纤基模中传播时归一化频率不一样，进而群速度不一样，最终导致色散的产生。

单位长度光纤由于波导色散造成的脉冲展宽为

$$\frac{\Delta\tau}{L} = |D_w(\lambda)|\Delta\lambda \tag{2-12}$$

其中，$D_w(\lambda)$ 为波导色散系数，它与光纤本身的性质有关。在归一化频率落在 1.5～2.4 范围内时，其公式为

$$D_w(\lambda) = \frac{1.984 N_{g2}}{(2\pi a)^2 2cn_2^2} \tag{2-13}$$

13

式中　n_2——包层折射率；

　　　N_{g2}——群折射率；

　　　a——纤芯半径。

　　为了进一步分析波导色散导致脉冲信号展宽的机理，一般可近似地认为入射光信号的波长和光纤的折射率无关。用 n_1 来表示纤芯折射率，n_2 来表示包层折射率，为了使计算更具一般性，引入 b 作为归一化常数，其公式为

$$b = \frac{(\beta/k)^2 - n_2^2}{n_1^2 - n_2^2} \qquad (2-14)$$

　　就普通单模光纤来说，一般 $n_1 \approx n_2$，相对折射率差会非常地小，为

$$\Delta = \frac{n_1^2 - n_2^2}{2n_1^2} \approx \frac{n_1 - n_2}{n_1} \approx \frac{n_1 - n_2}{n_2} \qquad (2-15)$$

　　进而有

$$\beta \approx n_2 k \sqrt{2\Delta b + 1} \approx n_2 k (\Delta b + 1) \qquad (2-16)$$

　　对式（2-16）两边求导得

$$\frac{\mathrm{d}\beta}{\mathrm{d}k} = n_2 + n_2 \Delta \frac{\mathrm{d}(kb)}{\mathrm{d}k} \qquad (2-17)$$

　　可得波导色散群延迟为

$$\tau_{wg} = \frac{1}{c} \left[n_2 + n_2 \Delta \frac{\mathrm{d}(kb)}{\mathrm{d}k} \right] \qquad (2-18)$$

　　当取纤芯半径为 a 时，归一化频率可表示为

$$V = 2ka (n_1^2 - n_2^2)^{\frac{1}{2}} \qquad (2-19)$$

　　有

$$\frac{\mathrm{d}(kb)}{\mathrm{d}k} = \frac{\mathrm{d}(Vb)}{\mathrm{d}V} \qquad (2-20)$$

　　则

$$\tau_{wg} = \frac{1}{c} \left[n_2 + n_2 \Delta \frac{\mathrm{d}(Vb)}{\mathrm{d}V} \right] \qquad (2-21)$$

　　对式（2-21）两边求导，有

$$D_w(\lambda) = \frac{n_2 \Delta V}{c\lambda} \frac{\mathrm{d}^2(Vb)}{\mathrm{d}V^2} \qquad (2-22)$$

　　$D_w(\lambda)$ 即为波导色散系数。从式（2-22）可以看出波导色散与光纤的归一化频率有关，且与它成正比。现在使用量最大的标准普通单模光纤，其波导色散要小于材料色散，色散值为负，色散值与光纤纤芯、入射光波长成反比。

　　对于单模光纤，偏振模色散是一种比较特殊的模式色散。色散对传输信号的展宽如图 2-6 所示，图 2-6（b）为进入光纤传输前的信号眼图，图 2-6（d）为经过 200km 光纤传输后的信号眼图。可见色散对脉冲造成了一定程度的展宽与形变，减小了信号眼

图张开度。

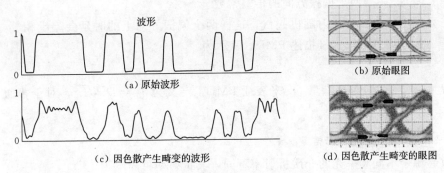

(a) 原始波形

(b) 原始眼图

(c) 因色散产生畸变的波形

(d) 因色散产生畸变的眼图

图 2-6 色散对传输信号的展宽

3. 偏振模色散

理想的单模光纤能够维持沿两个正交方向偏振的兼并模式，x 方向偏振的模式不会与正交的 y 方向偏振的模式发生耦合，两个偏振方向不会有时延差，但是光纤在实际的制造过程中，由于某种缺陷或者外界因素（如机械压力）的影响，纤芯形状沿着光纤长度方向会随机变化，理想的圆柱对称将会消失，模式兼并受到破坏，导致两个偏振态发生耦合。这种无法避免的结构缺陷使得两个偏振方向的传输常数 β 稍有不同，这个性质被称为模式双折射，用双折射度来衡量，即

$$B_m = | n_x - n_y |\qquad(2-23)$$

式中　　n_x、n_y ——两个偏振态的折射率，折射率较小的称为快轴（fast axis），较大的为
　　　　　　　　慢轴（slow axis）。

如光脉冲在光纤中激发了两个偏振分量，由于两个偏振方向的折射率不同，群速度色散导致脉冲展宽，这种现象为 PMD 对信号传输的影响，如图 2-7 所示。

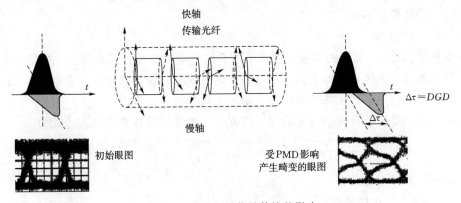

快轴

传输光纤

慢轴

$\Delta\tau = DGD$

$\Delta\tau$

初始眼图

受 PMD 影响
产生畸变的眼图

图 2-7　PMD 对信号传输的影响

偏振模色散导致的脉冲展宽可以用两个偏振方向上的传输时延差 ΔT 来表示，对于给定的光纤长度 L 和光纤双折射度 B_m，时延差 ΔT 可表示为

$$\Delta T = \left| \frac{L}{v_{gx}} - \frac{L}{v_{gy}} \right| = L \, | \beta_x - \beta_y | = L \Delta\beta\qquad(2-24)$$

式中　v_{gx} 与 v_{gy} ——两个偏振方向的群速度；

　　　　β_x 与 β_y ——两个偏振方向的传输常数。

由于光纤中的模式双折射随机起伏，这样两个偏振方向上的时延会趋于相等，因此，用时延差 ΔT 的均方根来定量描述 PMD，表示为

$$\sigma_T^2 = (\Delta T)^2$$

工程上通常使用 PMD 参量 D_p 来表征 PMD，定义为 $\sigma_T = D_p \sqrt{L}$，对于普通单模光纤，$D_p = 0.1 \sim 1 \mathrm{ps}/\sqrt{\mathrm{km}}$。

2.1.2.3　色散引起的脉冲展宽

色散起源于不同频率光的介质折射率不同，其折射率可表示为

$$n^2(\omega) = 1 + \sum_{i=1}^{n} \frac{B_i \omega_i^2}{\omega_i^2 - \omega^2} \tag{2-25}$$

式中　ω_i ——谐振频率；

　　　　B_i ——第 i 个谐振的强度。

ω_i 和 B_i 与纤芯成分有关，可通过实验参数拟合得到。

通常用参量 β_2 表示群速度色散，即 GVD 参量，但在实际情况下常用到的色散参量 D 与 β_2 的关系为

$$D = \frac{\mathrm{d}\beta_1}{\mathrm{d}\lambda} = \frac{\mathrm{d}}{\mathrm{d}\lambda}\left(\frac{1}{v_g}\right) = -\frac{2\pi c}{\lambda^2}\beta_2 \tag{2-26}$$

其中参量 β_1 和 β_2 与折射率 $n(\omega)$ 有关，它们的关系可表示为

$$\beta_1 = \frac{1}{c}\left(n + \omega \frac{\mathrm{d}n}{\mathrm{d}\omega}\right) = \frac{n_g}{c} = \frac{1}{v_g} \tag{2-27}$$

$$\beta_2 = \frac{1}{c}\left(2\frac{\mathrm{d}n}{\mathrm{d}\omega} + \omega \frac{\mathrm{d}^2 n}{\mathrm{d}\omega^2}\right) \approx \frac{\omega}{c}\frac{\mathrm{d}^2 n}{\mathrm{d}\omega^2} \approx \frac{\lambda^3}{2\pi c^2}\frac{\mathrm{d}^2 n}{\mathrm{d}\lambda^2} \tag{2-28}$$

式中　n_g ——群折射率；

　　　　v_g ——群速率。

根据色散参量 β_2 或 D 的符号，光纤中的非线性会表现出不同的特性。若 $\beta_2 < 0$（$D > 0$），光纤表现为反常色散，即光脉冲的高频分量比低频分量传输得快；若 $\beta_2 > 0$（$D < 0$），光纤表现为正常色散，即光脉冲的高频分量比低频分量传输得慢。

色散效应的定量分析方法可采用薛定谔方程，忽略非线性效应，表达式为

$$i\frac{\partial A}{\partial z} = -\frac{i}{2}\alpha A + \frac{1}{2}\beta_2 \frac{\partial^2 A}{\partial T^2} + \frac{i}{6}\beta_3 \frac{\partial^3 A}{\partial T^3} \tag{2-29}$$

式中　α ——光纤损耗系数；

　　　　β_2 ——GVD 色散参量；

　　　　β_3 ——3 阶色散参量。

$A(z,t)$ 表示传输的脉冲波形，高斯脉冲的表达式为

$$A(0, T) = A_0 \exp\left[-\frac{1+iC}{2}\left(\frac{T}{T_0}\right)^{2m}\right] \tag{2-30}$$

式中　A_0 ——光脉冲振幅；

T_0——脉冲半高宽（峰值强度的 $1/e$ 处）；

C——啁啾参量，其值可通过高斯脉冲的谱宽来估算。

C 与频谱的半宽度（峰值强度的 $1/e$）的关系为

$$\Delta\omega = \sqrt{1+C^2}/T_0. \qquad (2-31)$$

$C>0$ 代表脉冲前沿有低频分量，$C<0$ 代表脉冲前沿有高频分量，对于无啁啾高斯脉冲 $C=0$；$C\neq0$，$m=1$ 为啁啾高斯脉冲；m 决定了前后沿的陡度，m 取较大值时高斯脉冲可近似为方波。

经过传输长度 z 后的脉冲波形为

$$A(z,T) = \frac{T_0}{[T_0^2 - i\beta_2 z(1+iC)]^{1/2}} \exp\left\{-\frac{(1+iC)T^2}{2[T_0^2 - i\beta_2 z(1+iC)]}\right\} \qquad (2-32)$$

脉冲在光纤中传输 z 距离后，其脉宽 T_1 与初始脉宽 T_0 的关系为

$$T_1 = T_0\left[\left(1+\frac{C\beta_2 z}{T_0^2}\right)^2 + \left(\frac{\beta_2 z}{T_0^2}\right)^2\right]^{1/2} \qquad (2-33)$$

脉冲啁啾参量也从 C 变到 C_1，即

$$C_1(z) = C + (1+C^2)\left(\frac{\beta_2 z}{T_0^2}\right) \qquad (2-34)$$

无论介质是普通光纤还是相应的色散补偿光纤，也不论脉冲是否进行了预啁啾，啁啾脉冲在介质中传输的过程中，脉冲宽度受脉冲的净啁啾量影响。净啁啾量的绝对值和脉冲的宽度成正比关系，其值越大，脉冲宽度越宽；其值越小，脉冲宽度越窄。当净啁啾量为零时，也就是啁啾量为零时，脉冲宽度最窄。在实际研究中我们发现，信号在传输的过程，脉冲的谱宽并没有改变，理论上，光信号在色散介质中传播的时候，由于色散的存在会产生啁啾，而啁啾又会引起脉冲的频谱展宽。但研究中发现，光信号在介质中传播时，会存在 GVD 效应，不会使脉冲频谱展宽。不同脉冲的时域波形和频谱图如图 2-8 所示，脉冲由两个重要参量来表征：脉冲和啁啾系数。色散会导致脉冲展宽，从而压缩频谱，这是因为光信号从光源发射出来时相当于方波，方波在色散介质中传输后会变成高斯波形，两个波形进行傅里叶变换后方波变换成 sin 函数，有较多的拖尾旁瓣，但高斯波形的傅里叶变换仍然为高斯函数，无拖尾旁瓣，从而方波的频谱要比高斯波形的宽，这就产生了脉冲展宽导致频谱压缩，刚好和色散效应引起的频谱展宽相互抵消，因此实际光谱不发生变化。但是传输过程中，脉冲的波形发生了变化，光脉冲形状在色散作用下随光纤长度的变化如图 2-9 所示。传输距离增加，色散效应也增强，脉冲的宽度按照式（2-33）逐渐增加，其展宽程度取决于色散长度 LD，当传输了 LD 后，脉冲被展宽了 LD 倍。可见，色散系数越小、速率越低的系统，其 LD 越长，信号传输距离也就越远。

色散之所以能够使光信号发生变形是因为：①光纤中的非线性效应，也就是光纤中的克尔效应和色散之间的作用；②发射机的寄生啁啾与色散的混合效应。

考虑到信号的正常传输，在信号的传输过程中，应该降低色散对信号的变形的影响。一般主要通过以下方法来降低色散的影响：

（1）信号的传输性能和光源的啁啾有关，而传输通道所能允许的最大色散值是影响光源的啁啾的最主要的因素。要获得好的传输信号，就应该采用色散容限比较大的好光源。

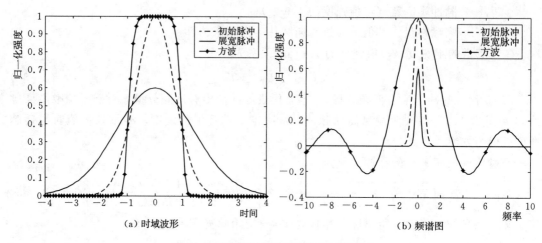

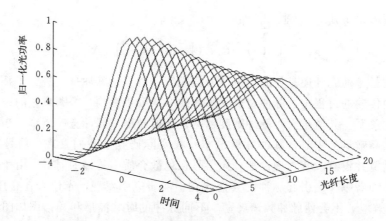

图 2-8　不同脉冲的时域波形和频谱图

图 2-9　光脉冲形状在色散作用下随光纤长度的变化

（2）较大的色散值会使信号发生变形，可以通过减少信号传输过程中的色散量，或者对于色散进行相应的处理。目前常用的就是进行色散补偿和相应的色散管理。进行色散补偿减少传输过程中的色散量可以减少传输光信号的变形量。但是一些传输技术（比如四波混频）对于传输中的色散又是有一定的要求，因此目前还发展出来了色散管理技术，使信号在传输过程中传输介质中的色散值正负交替，通过色散管理来合理处理光传输介质中的色散值来最大限度改善系统的传输性能，延长传输距离。

2.1.2.4　色散对 10Gbit/s 光传输系统的影响

在 10Gbit/s 光传输系统中，色散对系统主要产生两种影响：码间干扰和啁啾噪声。

（1）码间干扰：码间干扰可以用等效功率代价来衡量，等效功率代价 $P|S|$ 可以表示为

$$P|S| = 5 \times \lg(1 + 2\pi\varepsilon^2) \qquad (2-35)$$

其中

$$\varepsilon = \sigma/T = B\sigma \times 10^{-6}$$

$$\sigma = DL\delta_\lambda$$

式中　σ——脉冲均方展宽值；

　　　B——线路信号比特率，Mbit/s；

　　　L——光纤长度，km；

　　　δ_λ——光源均方根谱宽，nm。

（2）啁啾噪声：当系统采用强度直接调制方式时，半导体激光器的驱动电流随调制信号的强弱变化，LD有源层的载流子注入密度随之变化，这将造成有源层的能级发生轻微的波动，因而造成了LD工作波长的漂移。其对系统的影响可由模分配噪声等效功率代价来衡量。

对于10Gbit/s以下的长跨距系统，材料色散是主要的色散问题。由色散引起的信号脉冲展宽将可能导致码间干扰，从而产生误码。一般而言，总的脉冲展宽应该小于1/4比特时间。光纤的色散问题可以通过色散补偿技术来解决，色散补偿技术是利用具有相反色散特性的介质（例如光纤或光栅等）对线路中光纤传输产生的色散进行补偿。各速率系统对色散的要求见表2-1。

表 2-1　　　　　　　　　　　　　　各速率系统对色散的要求

传输速率	色散容限（ps/nm）	传输速率	色散容限（ps/nm）
622M FEC	＞6000	10G FEC	1600
2.5G FEC	3200		

2.1.3　光信噪比受限

光信噪比是信道的光功率与噪声光功率的比值，是衡量系统传输质量的最重要的指标之一，光信噪比过低会导致系统稳定性大大降低，使得误码率升高，从而降低系统可靠性。

为了保证信号的传输距离，会在传输系统中增加EDFA对信号进行放大，但是EDFA在放大信号的过程中也将系统中的噪声一并放大了，加之EDFA本身也存在着较大的自发辐射噪声，因此沿着光纤传输路径系统的光信噪比（optical signal noise ratio，OSNR）会逐步降低。另外，由于信号的反射，甚至存在双重瑞利散射，以及连接头和各种无源器件等都会对信号光产生反射都会产生噪声，进而影响系统的光信噪比。

在超长距离光传输系统中，级联放大器可能达到几十个，此时对光信号放大的同时，也不断地对噪声周期性地放大。前阶段放大的自发噪声（amplified spontaneous emission，ASE）会叠加在后阶段的每一个放大器上。因此，总的ASE噪声会随着光放大器链路中的放大器的增多不断增大。假设一级联EDFA系统图如图2-10所示，系统有 N 个EDFA级联，系统输出端积累ASE噪声的光功率为

$$P_{\text{totalASE}} = P_{\text{ASE1}} \cdot L_1 G_2 L_2 \cdots L_{n-1} G_n + P_{\text{ASE2}} \cdot L_2 \cdots L_{n-1} G_n + P_{\text{ASEn}} \qquad (2-36)$$

式中　$P_{\text{ASE}i}$——第 i 个放大器产生的ASE噪声；

　　　L_i——第 i 段光纤线路损耗；

　　　G_i——第 i 个光放大器的增益。

图 2-10　级联 EDFA 系统图

根据光信噪比的定义，输出端的光信噪比为光信号功率与光噪声功率之比，即

$$OSNR_{out} = \frac{P_{out}}{P_{totalASE}} \qquad (2-37)$$

当系统输入端的光功率为 P_{in}，则输出端的光功率 P_{out} 为

$$P_{out} = P_{in} \cdot G_1 L_1 G_2 L_2 \cdots G_n \qquad (2-38)$$

将式（2-35）和式（2-36）代入式（2-37）中可得出输出端光信噪比为

$$OSNR_{out} = \frac{P_{in} \cdot G_1 L_1 G_2 L_2 \cdots G_n}{P_{ASE1} \cdot L_1 G_2 L_2 \cdots L_{n-1} G_n + P_{ASE2} \cdot L_2 \cdots L_{n-1} G_n + P_{ASEn}} \qquad (2-39)$$

在系统输出端光信号和光噪声被转换为电信号和电噪声。信号电流为 $I_{sout} = P_{out} \dfrac{Re}{h\nu}$，其中 Re 为响应度；噪声电流为 $I_{SP} = P_{totalASE} \dfrac{Re}{h\nu}$。当光功率较大时，可以只考虑散粒噪声和 sp-sp 差拍噪声，假设输入端的信号电流为 I_s，系统输出端 sp-sp 差拍噪声功率为

$$N_{sp-sp} = 2G_{total} I_{sin} I_{sp} \frac{B_e}{B_o} \qquad (2-40)$$

散粒噪声功率为

$$N_{shot} = 2B_e G_{total} I_{sin} e \qquad (2-41)$$

式中　B_e、B_o——电滤波器和光滤波器带宽；

　　　G_{total}——系统线路总增益，包含线路损耗和光放大器放大。

可知系统输出端电信噪比为

$$el. SNR_{out} = \frac{(G_{total} I_{sin})^2}{N_{sp-sp} + N_{shot}} = \frac{G_{total} I_{sin}}{2I_{sin} \dfrac{B_e}{B_o} + 2eB_e} \qquad (2-42)$$

系统输入端的电信噪比为

$$el. SNR_{in} = \frac{I_{sin}}{2eB_e} \qquad (2-43)$$

根据噪声指数的定义及噪声电流表达式可得出系统等效噪声指数的表达式，即

$$F_{sys} = \frac{el. SNR_{in}}{el. SNR_{out}} = \frac{\dfrac{I_{sp}}{eB_o} + 1}{G_{total}} = \frac{P_{totalASE}}{h\nu B_o G_{total}} + \frac{1}{G_{total}} \qquad (2-44)$$

若系统只有一个 EDFA，则可由式（2-44）得出光放大器的 ASE 噪声，即

$$P_{ASE} = \left(F - \frac{1}{G}\right)h\nu B_o G \tag{2-45}$$

式中　F 和 G——光放大器的噪声指数和增益。

将式（2-45）代入式（2-39）可得出系统输出端的光信噪比的表达式，即

$$OSNR_{out} = P_{in} - 10 \cdot \lg(h\nu B_o) - 10 \cdot \lg \sum_{i=1}^{n} \frac{F_i - L_{i-1}}{\prod_{j=1}^{i-1} G_j L_j} \tag{2-46}$$

在 DWDM 系统线路中，通常 EDFA 的放大增益刚好补偿线路的损耗，即 $G_i L_i = 1$。忽略光放大器之间噪声指数值的差异，式（2-46）可改写为

$$OSNR_{out} = P_{in} - 10 \cdot \lg(h\nu B_o) - 10 \cdot \lg n - F \tag{2-47}$$

在常用信号 C 波段，令频率 $\nu = 193 THz$，普朗克常量 $h = 6.626 \times 10^{-34}$ J·s，光带宽 B_o 取 0.1nm，则式（2-47）可简化为

$$OSNR_{out} = P_{in} + 58 - 10 \cdot \lg n - F \tag{2-48}$$

式（2-48）为 ITU-T Rec G.692 中提到的光信噪比公式。假设单信道光信号输入功率为 0dBm，每个放大器的噪声指数为 6dB，每个 80km 光纤的线路跨损为 20dB，当经过 100 跨段传输后接收端的光信噪比为 32dB，对于 2.5Gbit/s 收发机在背靠背配置（传输线路用衰减器代替，没有传输光纤）中的 $OSNR = 14 \sim 15dB$。上述系统配置能很好满足系统 $OSNR$ 要求，但实际超长跨距传输系统中，系统还受色散、非线性等其他因素限制，使得接收端所需光信噪比比理论上要求要高。

对于一个带光放大器的传输系统，作为衡量系统性能的重要参数 $OSNR$ 与接收端的误码率（bit error ratio，BER）存在一定的关系，系统要求 $OSNR$ 越高，则 BER 越低。2.5Gbit/s 系统接收机在背靠背情况下，若想获得 10^{-12} 的 BER，则接收端的 $OSNR$ 的最低要求值为 14～15dB。同时不同速率的系统要求的 $OSNR$ 也不同，2.5G 和 10G 系统的 $OSNR$ 容限见表 2-2。系统速率每增加 4 倍，$OSNR$ 就要求增加 6dB。

表 2-2　　　　　　　　　　2.5G 和 10G 系统的 $OSNR$ 容限

系统类型	2.5G 系统	10G 系统
接收端最小 $OSNR$（无 FEC）	14～15dB	20～21dB
接收端最小 $OSNR$（含 FEC）	7～8dB	13～14dB

目前，评价光传输系统性能的参数有 $OSNR$、质量因子（Q）、BER。三者存在一定的关系，当 $Q > 3$ 时，Q 与 BER 的关系为

$$BER = \frac{1}{2} erfc\left(\frac{Q}{\sqrt{2}}\right) = \frac{\exp(-Q^2/2)}{\sqrt{2\pi}Q} \tag{2-49}$$

Q 与输出端 $OSNR$ 的关系为

$$Q = \sqrt{OSNR \frac{B_o}{B_e}} \tag{2-50}$$

式中　B_e 和 B_0——来源于光信号噪声向电信号噪声转化过程中电滤波器和光滤波器的响
　　　　　　　应带宽，通常光滤波器带宽为 12.5GHz（0.1nm），电滤波器带宽为
　　　　　　　传输速率的 0.7 倍。

对于 10Gbit/s 系统，若要求 BER 为 10^{-15}，系统 Q 值应大于 18dB，考虑系统余量，
则工程上接收端的 $OSNR$ 应大于 22dB。

2.1.4　非线性效应受限

在光纤通信中，为了克服光纤的衰减，往往需要很高的入纤光功率。但随着光纤中注
入光功率的增加，光纤的非线性效应开始显现出来，制约着光纤的入纤光功率。

2.1.4.1　光纤中的非线性效应

光纤作为光纤通信的传输介质，在光场的作用下，组成介质的原子或分子内电子相对
于原子核发生微小的位移，形成极化。极化后的介质内出现了偶极子，这些偶极子辐射出
相应频率的电磁波，叠加到入射场上，形成介质内的总光场。这一过程可用极化强度矢量
$\vec{P}(r,t)$ 和电场强度矢量 $\vec{E}(r,t)$ 的关系来描述。

为了克服光纤的衰减以传输更远的距离，往往需要很大的入纤光功率。在强光场作用
下，光纤呈现非线性。此时可将 $\vec{P}$ 与 $\vec{E}$ 之间的函数在 $\vec{E}=0$ 展开成泰勒级数，即

$$\vec{P} = \varepsilon_0 x\vec{E} + 2d\vec{E}^2 + 4x^3\vec{E}^3 + \cdots \tag{2-51}$$

x^3 为三阶非线性系数，在半导体、介质晶体中的典型值为 $10^{-34} \sim 10^{-29}$。三阶非线性
极化项导致克尔效应、双光子吸收、受激散射等现象，这些是影响光纤通信的主要非线性
光学效应。

非线性效应主要分为克尔效应（自相位调制和交叉相位调制）和受激散射效应（受激
拉曼散射和受激布里渊散射）两种。

1. 克尔效应

（1）自相位调制。由于克尔效应，信号脉冲自身光强瞬时变化所导致的本身的相位调
制叫作自相位调制（self phase modulation，SPM），它是与光场自身相关的非线性相移。
自相位调制容易使光脉冲信号产生啁啾，进而使系统性能受到影响。从本质上说，自相位
调制是伴随光脉冲信号的强度调制产生的一种相位调制。一般情况下，单信道非线性效应
出现的自相位调制都很小，只有在严格要求相位稳定的相干光波通信系统中，才会对系统
造成严重的影响。

自相位调制对脉冲的形状没有影响，只是脉冲的相位会随其光强而变化。在这里定义
非线性相移 ϕ_{NL} 为

$$\phi_{NL}(L,T) = |U(L,T)|^2\left(\frac{L_{eff}}{L_{NL}}\right) \tag{2-52}$$

$$L_{eff} = [1 - \exp(-\alpha L)]/\alpha$$

$$L_{NL} = (\gamma P_0)^{-1}$$

式中　$U(L,T)$——归一化振幅；
　　　　L——光纤长度；

L_{eff} ——光纤有效长度；

L_{NL} ——非线性长度。

当光纤线路没有损耗时，$L_{eff}=L$。由式（2-52）可知，相移 ϕ_{max} 的最大值在光脉冲的中心 $T=0$ 处，假设幅度是归一化的，即 $|U(0,0)|=1$，则

$$\phi_{max}=L_{eff}/L_{NL}=\gamma P_0 L_{eff} \tag{2-53}$$

非线性相移 $\phi_{NL}(L,T)$ 和时间有关，其导致了自相位调制的发生，并使频谱展宽，其对时间的偏导是

$$\delta_\omega(T)=-\frac{\partial \phi_{NL}}{\partial T}=-\left(\frac{L_{eff}}{L_{NL}}\right)\frac{\partial}{\partial T}|U(0,T)|^2 \tag{2-54}$$

由式（2-54）得到：①δ_ω 接近脉冲前沿时是负的，接近后沿时是正的；②高斯脉冲中心前后很大一部分区域内，自相位调制产生的啁啾是正的而且是线性的；③脉冲前后沿很陡时，自相位产生的啁啾增大；④超高斯脉冲自相位调制产生的啁啾是非线性的而且只发生在脉冲沿附近。上述四点是自相位调制产生啁啾的几个特征。

（2）交叉相位调制。同一根光纤中，不同信道的光脉冲同时传播时，信道光脉冲强度的变化引起邻近信道相位的变化，使相位变化信道的光脉冲信号频谱发生展宽的现象就是交叉相位调制（cross phase modulation，XPM）。从定义可以看出，交叉相位调制是一种信道间的非线性效应。发生交叉相位调制后，光纤的色散效应又将相位调制转变为强度调制，从而引起波形的失真，使系统性能恶化。在这种非线性现象中，某一信道中发生的非线性相移除了与自身光强有关，还与其他信道的光强有关，因此总的相移就和所有信道的功率有关。λ_1 波长的光功率通过光纤非线性作用分别产生自相位调制（对 λ_1 波长）及交叉相位调制（对 λ_2 波长），产生相位噪声，并转化为接收光功率（或探测器输出光电流或接收机输出电压）的幅度噪声；同理，λ_2 波长的光功率也通过光纤非线性作用分别产生自相位调制（对 λ_2 波长）及交叉相位调制（对 λ_1 波长），产生相位噪声，并转化为接收光功率（或探测器输出光电流或接收机输出电压）的幅度噪声。因而会导致两个波道的接收机性能下降，付出系统代价。

考虑光纤中有两列不同频率光波同时沿 z 方向传输的情形，假定两列光波均为 x 方向的偏振光。光纤内的光场可表示为

$$\vec{E}(r,t)=\hat{x}[E_1\exp(-i\omega_1 t)+E_2\exp(-i\omega_2 t)] \tag{2-55}$$

式中　$\hat{x}$ ——偏振方向的单位矢量；

ω_1、ω_2 ——两脉冲的载频。

非线性极化强度为

$$\vec{P}_{NL}(r,t)=\hat{x}[P_{NL}(\omega_1)e^{-i\omega_1 t}+P_{NL}(\omega_2)e^{-i\omega_2 t}+P_{NL}(2\omega_1-\omega_2)e^{-i(2\omega_1-\omega_2)t}$$
$$+P_{NL}(2\omega_2-\omega_1)e^{-i(2\omega_2-\omega_1)t}] \tag{2-56}$$

4 个非线性极化强度分量与 E_1 和 E_2 有关，即

$$P_{NL}(\omega_1)=\chi_{eff}(|E_1|^2+2|E_2|^2)E_1$$
$$P_{NL}(\omega_2)=\chi_{eff}(|E_2|^2+2|E_1|^2)E_2 \tag{2-57}$$
$$P_{NL}(2\omega_1-\omega_2)=\chi_{eff}E_1^2 E_2^*$$
$$P_{NL}(2\omega_2-\omega_1)=\chi_{eff}E_2^2 E_1^*$$

式中　　$\chi_{\text{eff}} = \dfrac{3\varepsilon_0}{4}\chi_{xxxx}^{(3)}$ ——有效非线性参量。

以上内容表明频率为 ω_1、ω_2 的入射光除了在自身频率上产生极化响应外，还将产生频率为 $2\omega_1 - \omega_2$ 和 $2\omega_2 - \omega_1$ 两个新的频率成分。这两个频率成分来自光纤中的非线性四波混频效应，在不满足相位匹配条件（$2\beta_1 - \beta_2$ 或 $2\beta_2 - \beta_1$ 具有近似为零的值）情况下这个效应可以忽略。因此这里不考虑来自四波混频（four wave mixing，FWM）的影响，而主要考虑光纤在入射光频上的非线性效应。剩余两项是自相位调制和交叉相位调制贡献。在非线性极化强度 $P_{\text{NL}}(\omega_j)$ 中 $j = 1$，2。

结合线性极化强度，总的感应强度为

$$P(\omega_j) = \varepsilon_0 \varepsilon_j E_j \qquad (2-58)$$

其中

$$\varepsilon_j = \varepsilon_j^L + \varepsilon_j^{NL} = (n_j^L + \Delta n_j)^2 \qquad (2-59)$$

$$\Delta n_j \approx n_2 (|E_j|^2 + 2|E_{3-j}|^2) \qquad (2-60)$$

式中　　n_j ——折射率的线性部分；

　　Δn_j ——三阶非线性效应引导的折射率变化量。

由于光纤在频率 ω_1 和 ω_2 上的折射率大致相等，且 $n_j \gg \Delta n_j$，其中非线折射率系数 n_2 的表达式为

$$n_2 = \frac{3}{8n}\chi_{1111}^{(3)} \qquad (2-61)$$

式（2-61）表明，折射率不仅与光纤中的某个光波自身有关，而且和共同传输的其他光强有关。当光波在光纤中传输时，会获得一个和强度有关的非线性相移，即

$$\varphi_j^{NL} = \left(\frac{\omega_j}{c}\right)\Delta n_j z = n_2 \left(\frac{\omega_j}{c}\right)(|E_j|^2 + 2|E_{3-j}|^2) z \qquad (2-62)$$

其中括号内第一项表示频率为 ω_j 的光波对其自身的相位调制，第二项表示另一列光波对其相位的调制作用，它来自 XPM 的贡献。同时，如果光强相等则 XPM 是 SPM 的两倍。这里可以看到非线性效应的重要特征，即它既与光强有关，是一种强光效应，同时非线性效应可以在长距离上进行累积。式（2-62）可以定性地说明 XPM 对光纤中信号传输的影响。它表明 XPM 对波分复用系统将产生很大的影响，每一信道的功率波动都会通过 XPM 变成其他信道的相位波动，从而影响系统性能。

（3）四波混频。光纤中的三阶极化率 $\chi^{(3)}$ 使任意信道（一般两个或三个）之间的光脉冲相互作用产生新频率光脉冲的现象就叫 FWM。理论上这种非线性效应产生的新频率与其他三个频率的关系是：$\omega_N = \omega_i \pm \omega_j \pm \omega_k$，但要发生四波混频必须满足严格的相位匹配。

FWM 效应主要与三阶非线性电极化率 $\chi^{(3)}$ 有关，即

$$\vec{P}_{NL} = \varepsilon_0 \vdots \vec{E}\vec{E}\vec{E} \qquad (2-63)$$

FWM 效应通常是偏振相关的，若假设四个频率的光场沿同一方向线偏振，其总电场可以表示为

$$\vec{E} = \frac{1}{2}\hat{x}\sum_{j=1}^{4} E_j \exp[i(\beta_j z - \omega_j t)] + c.c. \qquad (2-64)$$

$$\beta_j = \tilde{n}_j \omega_j / c$$

式中　β_j——传播常数；

　　　$\tilde{n}_j$——模折射率。

可以将 $\vec{P}_{NL}$ 写成与 $\vec{E}$ 类似的形式，即

$$\vec{P}_{NL} = \frac{1}{2}\hat{x}\sum_{j=1}^{4} P_j \exp[i(\beta_j z - \omega_j t)] + c.c. \qquad (2-65)$$

由式（2-65）可以看出，P_j 由许多包含三个电场积的项组成。例如 P_4，其表达式为

$$P_4 = \frac{3\varepsilon_0}{4}\chi_{xxxx}^{(3)} \big[|E_4|^2 E_4 + 2(|E_1|^2 + |E_2|^2 + |E_3|^2) E_4$$

$$+ 2E_1 E_2 E_3 \exp(i\theta_+) + 2E_1 E_2 E_3^* \exp(i\theta_-) + \cdots \big] \qquad (2-66)$$

$$\theta_+ = (\beta_1 + \beta_2 + \beta_3 - \beta_4)z - (\omega_1 + \omega_2 + \omega_3 - \omega_4)t \qquad (2-67)$$

$$\theta_- = (\beta_1 + \beta_2 - \beta_3 - \beta_4)z - (\omega_1 + \omega_2 - \omega_3 - \omega_4)t \qquad (2-68)$$

式（2-66）中含 E_4 的前两项表示产生 SPM 和 XPM 效应的原因，其余项代表四个频率光波的和频或者差频。在四波混频过程中，有效项的个数取决于 E_4 和 P_4 的相位失配，而相位失配取决于 θ_+ 和 θ_- 参量。

显著的 FWM 效应只会发生在相位失配几乎为零时。即 θ_+、θ_- 取值几乎为零。含 θ_+ 的项对应的是频率为 ω_1、ω_2 和 ω_3 的三个光子湮灭后产生了一个频率为 ω_4（$=\omega_1 + \omega_2 + \omega_3$）的光子，但是，一般情况下，在光纤中，这种情形需要的相位匹配条件是很难满足的。含 θ_- 的项表示的是频率为 ω_1、ω_2 的光子湮灭后产生了频率为 ω_3、ω_4 的光子，ω_1，ω_2，ω_3 和 ω_4 的关系满足

$$\omega_3 + \omega_4 = \omega_1 + \omega_2 \qquad (2-69)$$

这个过程需要满足的相位匹配条件为

$$\Delta\beta = \beta_3 + \beta_4 - \beta_1 - \beta_2 = \frac{\tilde{n}_3\omega_3 + \tilde{n}_4\omega_4 - \tilde{n}_1\omega_1 - \tilde{n}_2\omega_2}{c} = 0 \qquad (2-70)$$

2. 受激散射效应

（1）受激布里渊散射。对于任何一种纯净的介质，组成它的质点群都在连续不间断地做热运动，这种运动就使整个介质中总存在着一定程度的弹性力学的振动或是声波场，从而使介质的密度随空间和时间周期变动（尽管这样的变动很微小），而介质折射率和其密度有关，因此入射光脉冲一定会受到这种影响产生散射作用，它类似超声波对光的衍射作用，这种散射就是受激布里渊散射（stimulated Brillouin scattering，SBS），换句话说，它是入射光脉冲、介质本身的热致声波及散射波三者间的相互作用的过程。SBS 产生的斯托克斯波只向反向传播，这一过程中粒子间发生的是非弹性碰撞。斯托克斯波的特性和散射角度、光纤的声波特征有关系。这种效应会对系统的性能造成影响。不过，SBS 的增益带宽很窄，只有信道间距离和布里渊频移完全相等时，才会发生串扰，而这种散射是单信道的散射，只要设计的信道合理，就可以避免这种串扰的发生。

但是，因为 SBS 的阈值很低（mW 级），所以它限制波分多路复用（wavelength division multiplexing，WDM）系统的最大输入光功率和传输距离。一般阈值功率 P_{th} 定义为：在光纤输入端的后向散射斯托克斯（Stocks）功率达到输入的泵浦光功率时的泵浦光功率值。对于信道间距 100GHz 的 WDM 系统，由于 SBS 增益线宽很小，因此 SBS 与信道数无关。假设布里渊增益系数 g_{SBS} 是洛仑兹型线型，使用非抽空近似，则可得到 P_{th} 的表达式为

$$P_{th} \approx 21 \frac{bA_{eff}}{g_B L_{eff}} \cdot \frac{\Delta v_s + \Delta v_B}{\Delta v_B} \tag{2-71}$$

$$L_{eff} = (1 - e^{-\alpha L})/\alpha$$

式中　　A_{eff}——光纤有效面积；

　　　　L_{eff}——光纤有效长度；

　　　　α——光纤的衰减系数；

　　　　g_B——峰值布里渊增益系数；

　　　　Δv_s——光源线宽；

　　　　b——偏振系数。

当输入光纤的光功率超过 SBS 的阈值功率 P_{th} 时，传输的信号光有很大部分被反射回输入端，形成噪声干扰。

SBS 产生的阈值比受激拉曼散射要小，因此它是制约光纤通信入纤光功率大小的首要因素。SBS 阈值与光源的频谱宽度有很大的关系，当光源的频谱宽度增加时，SBS 阈值也会增加。因此一般通过低频扰动或外相位调制的方法来展宽信号光的频谱来克服 SBS 效应。

（2）受激拉曼散射。入射光脉冲信号因光纤内分子之间的相对运动导致电偶极距周期性变化而产生的散射现象就叫受激拉曼散射（stimulated raman scattering，SRS）。也可理解为光脉冲受到的光纤中分子的调制作用。发生 SRS 时，入射光作为泵浦光发生散射后频率下移，产生斯托克斯光，在这种非线性作用下，高频光脉冲的功率会降低，低频光脉冲功率得到增强。光纤中的 SRS 和 SBS 都是光波被介质分子振动所调制的结果，两者对 WDM 系统的影响有相似之处，也有不同，光纤系统中 SRS 与 SBS 的比较见表 2-3。

表 2-3　　　　　　　　　　　　光纤系统中 SRS 与 SBS 的比较

项　目	SRS	SBS
作用原理	入射光与光频声子	入射光与声频声子
增益特性	增益带宽宽，$\Delta v_R \approx 50nm$，峰值增益系数 $g_R < g_u$	增益带宽窄，$\Delta v_B \approx 20 \sim 100MHz$
非线性效应的作用信道间距	$\Delta\lambda \approx 100 \sim 200nm$	$\Delta\lambda \approx 0.1nm$
产生非线性效应的条件	阈值高（500mW）；一般光源线宽在 Δv_B 内，Stocks 光双向产生	阈值低（几十毫瓦）；阈值与调制方式、比特率有关，入射光与斯托克斯光反方向传输
影响	功率代价和串音	主要限制最大输入功率

在目前的单跨距超长传输系统中，SRS 的阈值一般要远远大于 SBS 阈值，因此可以不考虑 SRS 的影响。

2.1.4.2 非线性效应对光信号的影响

信号的总振幅 $A(z,T)$ 是所有信道的所有独立脉冲振幅的总和，也即

$$A(z,T) = \sum_{n=1}^{N} A_n(z,T) \tag{2-72}$$

其中 N 为所有输入脉冲个数，$A_n(z,T)$ 为第 n 个脉冲的包络振幅。代入非线性薛定谔方程得

$$\sum_{n=1}^{N} \frac{\partial A}{\partial z} + \beta_1 \frac{\partial A}{\partial t} + \frac{i\beta_2}{2} \frac{\partial^2 A}{\partial t^2} + \frac{\alpha}{2} A = i\gamma \sum_{n=1}^{N} A_q A_m^* A_p \tag{2-73}$$

式（2-73）右边代表各种非线性效应的总和，当 A_q、A_m^*、A_p 代表同一个信道的脉冲时，等式右边代表信道内非线性，否则该项代表的是信道间非线性。

当 $q = m = p$，$A_q A_m^* A_p$ 项代表了单脉冲 SPM。

当 $q \neq m = p$ 且所有信号都属同一信道时，该项为信道内 XPM。

当 $q \neq m = p$ 且第 q 个信号和第 $m(p)$ 信号不属同一信道时，该项为信道间 XPM。

当 $q \neq m \neq p$ 或 $q = m \neq p$ 且所有信号都属同一信道时，该项为信道内 FWM。

当 $q \neq m \neq p$ 或 $q = m \neq p$ 且不是所有信号都属同一信道时，该项为信道间 FWM。

SPM 会使光脉冲产生频谱展宽，从而产生频率啁啾。一般 SPM 产生的频率啁啾只发生在光信号强度有变化的地方。其在脉冲的前部也就是在低频率的地方会产生红移；而在脉冲后部也就是在高频率的地方会产生蓝移。SPM 效应产生的频率啁啾会对脉冲的形状有一定影响。SPM 产生的频率啁啾和群速度色散（group velocity dispersion, GVD）效应有一定的相似性，都和脉冲的初始啁啾有关系，而且啁啾的变化和脉冲的波形也有很大关系，超高斯脉冲在光纤长度变化时的 SPM 感应的频谱展宽如图 2-11 所示，方波的啁啾比高斯波形的小一些。啁啾随着传输距离的增大而增大，当脉冲沿光纤线路传输时，会不断产生新的频率分量。

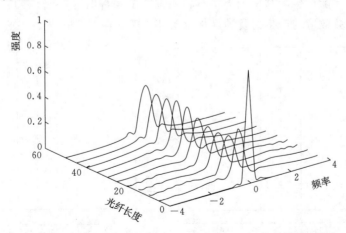

图 2-11 超高斯脉冲在光纤长度变化时的 SPM 感应的频谱展宽

不同波长的光信号在光纤中同时传播时，因为光纤中存在非线性极化率，所以会对其

他波长光信号的相对折射率有影响，影响它波长的光信号产生相位调制，即交叉相位调制XPM 效应引起脉冲频谱发生不对称展宽，XPM 感应的非对称频谱展宽的两脉冲频谱如图2-12 所示。不同波长的光信号传播速度不同，会导致光波的形状为非常复杂的时域不对称波形。光波的分裂现象会导致泵浦脉冲在信号脉冲后沿引起快速震荡，而对于前沿影响较小，频率越高，光信号传播速度越快，因此高频率信号主要在脉冲前沿、后沿。由于新产生的频率分量，而且 GVD 效应造成后沿的高频分量前移，因此后沿波形的改变比较大。XPM 产生的啁啾在整个脉冲的中心最大，这表明 XPM 效应受泵浦光的作用一方面和泵浦光上升沿有关系，另一方面该作用既和波幅度相关，还和时间积累有关系。

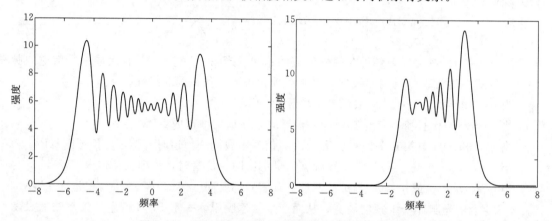

图 2-12　XPM 感应的非对称频谱展宽的两脉冲频谱

当信道中传输的波道数为 N，则由于 FWM 效应产生 M 个频率分量，即

$$M = \frac{1}{2}N^2(N-1) \qquad (2-74)$$

在 3 个信号光波长的情况下，产生的四波混频效应如图 2-13 所示。在此过程中，净能量和动量是守恒的。能量守恒条件决定了新光子的频率；动量守恒条件要求只有满足相位匹配条件时，才能产生新频率光子，不满相位匹配条件时，FWM 效应可以发生，但效率较低。四波混频效应的产生需要满足相位条件，因此在 G.653 光纤中效果更为明显。

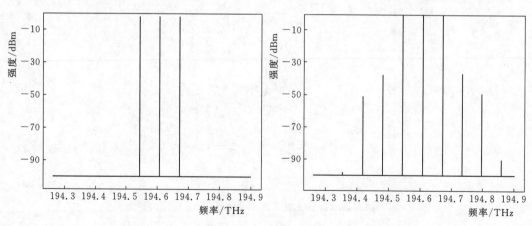

图 2-13　四波混频效应

SBS 效应会产生后向传输功率，引起传输信道的信噪比降低。SRS 效应会引起高频光功率向低频信道的转移，导致信道间的拉曼串扰，恶化信号的信噪比，成为大容量传输系统的主要限制因素。

2.2 光 放 大 器 技 术

2.2.1 掺铒光纤放大器技术

铒离子能级图如图 2-14 所示，能级吸收峰对应的波长均可作为掺铒光纤的泵浦波长，但在 807nm、514nm 和 665nm 波长处，存在很强的激发态吸收（excited state absorption，ESA），即在泵浦光的作用下，激发态粒子跃迁到更高（第四）的能态，在多光子作用下，粒子由第四能级快速弛豫到激发态。虽然 ESA 并不会导致激发态粒子数的减少，但由于其对泵浦光的吸收，浪费了泵浦光资源，严重降低了泵浦效率。而泵浦波长在 980nm 和 1480nm 峰值处时，不存在激发态吸收，使得泵浦效率较高。

在掺铒光纤中，铒离子能级受到周围电场的影响，能级产生斯塔克分裂，导致能级展宽，一般情况下，将常温下掺铒光纤近似为均匀加宽为主的增益介质处理。

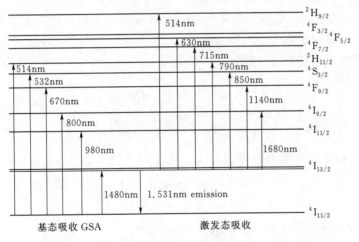

图 2-14 铒离子能级图

采用光传输方程来描述掺 Er 光纤（Erbium doped fiber，EDF）中光强分布，并采用速率方程来描述 EDF 铒离子上下能级间粒子的自发辐射、受激吸收和受激辐射。考虑信号光带宽为 Δv_K，中心波长为 $\lambda_K = c/v_K$ 的 N 束光在 EDF 中传播，其中包括泵浦光及信号光（$\Delta v_K = 0$）。设第 K 束光的光强为 $I_K(r, \phi, z)$，则第 K 束光沿传播方向（光纤轴向）Z 的光功率为

$$P_K(z) = \int_0^{2\pi} \int_0^{\infty} I_K(r, \phi, z) r \mathrm{d}r \mathrm{d}\phi \qquad (2-75)$$

二能级系统的速率方程为

$$\frac{\mathrm{d}n_2}{\mathrm{d}t} = \sum_K \frac{P_K i_K \sigma_{aK}}{h\upsilon_K} n_1(r,\phi,z) - \sum_K \frac{P_K i_K \sigma_{eK}}{h\upsilon_K} n_2(r,\phi,z) - \frac{n_2(r,\phi,z)}{\tau} \qquad K=1,2,3,\cdots,N$$

$$(2-76)$$

$$n_t(r,\phi,z) = n_1(r,\phi,z) + n_2(r,\phi,z) \qquad (2-77)$$

式中　　　　　　　　　　　　　σ_{aK}、σ_{eK}——铒离子的受激吸收与受激发射截面；

$n_t(r,\phi,z)$、$n_1(r,\phi,z)$ 和 $n_2(r,\phi,z)$ ——铒离子掺杂浓度、下能级和上能级的粒子数
密度；

τ——铒离子的荧光寿命；

i_K——第 K 束光的归一化光强度。

i_K 定义为

$$i_K(r,\phi) = I_K(r,\phi,z)/P_K(z) \qquad (2-78)$$

EDF 中光传输方程为

$$\frac{\mathrm{d}P_K}{\mathrm{d}z} = u_K \sigma_{eK} \int_0^{2\pi}\int_0^{\infty} i_K(r,\phi) n_2(r,\phi,z) \left[P_K(z) + mh\upsilon_K \Delta\upsilon_K \right] r\mathrm{d}r\mathrm{d}\phi \qquad (2-79)$$

$$- u_K \sigma_{aK} \int_0^{2\pi}\int_0^{\infty} i_K(r,\phi) n_1(r,\phi,z) \left[P_K(z) \right] r\mathrm{d}r\mathrm{d}\phi$$

式中　　u_K——第 K 束光的传输方向，沿 Z 正向 $u_K=1$；反之 $u_K=-1$；

$mh\upsilon_K\Delta\upsilon_K$——由上能级粒子数 n_2 引起的自发辐射对 P_K 的贡献；

m——模式数，因单模光纤只允许传输 LP_{01} 模，允许有两个正交化偏振方向，因
此 m 一般取 2。

定义光纤吸收及发射系数分别为

$$\alpha_K = \sigma_{aK} \int_0^{2\pi}\int_0^{\infty} i_K(r,\phi) n_t(r,\phi,z) r\mathrm{d}r\mathrm{d}\phi \qquad (2-80)$$

$$g_K = \sigma_{eK} \int_0^{2\pi}\int_0^{\infty} i_K(r,\phi) n_t(r,\phi,z) r\mathrm{d}r\mathrm{d}\phi \qquad (2-81)$$

设铒离子在 EDF 中均匀分布，则式（2-80）、式（2-81）简化为

$$\alpha_K = \sigma_{aK} \Gamma_K n_t \qquad (2-82)$$

$$g_K = \sigma_{eK} \Gamma_K n_t \qquad (2-83)$$

Γ_K 为铒离子与光模之间的重叠积分因子，即

$$\Gamma_K = \int_0^{2\pi}\int_0^{\infty} i_K(r,\phi) r\mathrm{d}r\mathrm{d}\phi \qquad (2-84)$$

当 EDFA 用于放大连续或调制频率大于 10kHz 以上的调制信号时，系统满足稳态条
件：$\mathrm{d}n_2/\mathrm{d}t=0$，接下来求解式（2-78）、式（2-79）的稳态解，建立起 EDFA 的数学模
型。对式（2-76）在掺杂区截面上积分，代入 EDF 有效截面积 A_{eff}，因铒离子均匀分
布，EDF 有效截面积 A_{eff} 等于 EDF 纤芯截面积 A，则式（2-76）转化为

$$\frac{\mathrm{d}n_2}{\mathrm{d}t} = \sum_K \frac{P_K}{A_{eff} h\upsilon_K} \left[\alpha_K - (\alpha_K + g_K)\frac{n_2}{n_t} \right] - \frac{n_2}{\tau} \qquad (2-85)$$

忽略自发辐射的影响，结合式（2-80）、式（2-81）与式（2-84），则式（2-79）

转化为

$$\frac{\mathrm{d}P_K}{\mathrm{d}z} = u_K\left[(\alpha_K + g_K)\frac{n_2}{n_t} - \alpha_K\right]P_K \qquad (2-86)$$

上能级粒子数 n_2 为

$$n_2 = \frac{-\tau}{A_{\mathrm{eff}}}\sum_j \frac{u_j}{h\upsilon_j}\frac{\mathrm{d}P_j}{\mathrm{d}z} \qquad j=1,2,\cdots,N \qquad (2-87)$$

将式（2-87）代入式（2-86）得

$$\frac{\mathrm{d}P_K}{\mathrm{d}z} = -u_K P_K\left[\frac{h\upsilon_K}{P_K^{\mathrm{sat}}}\sum_j \frac{u_j}{h\upsilon_j}\frac{\mathrm{d}P_j}{\mathrm{d}z} + \alpha_K\right] \qquad (2-88)$$

其中 P_K^{sat} 为固有饱和光功率

$$P_K^{\mathrm{sat}} = \frac{A_{\mathrm{eff}}h\upsilon_K}{\tau\Gamma_K(\sigma_{aK} + \sigma_{eK})} \qquad (2-89)$$

对式（2-89）两边在 EDF 长度 L 上积分得

$$P_K^{\mathrm{out}} = P_K^{\mathrm{in}}\exp\left[\frac{h\upsilon_K}{P_K^{\mathrm{sat}}}\sum_j \frac{1}{h\upsilon_j}(P_j^{\mathrm{in}} - P_j^{\mathrm{out}}) - \alpha_K L\right] \qquad (2-90)$$

式（2-90）就是稳态条件下 EDFA 光传输方程的解，即 EDFA 的数学模型。式中 P_K^{out} 与 P_K^{in} 分别为第 K 束光的输出、输入光功率。为便于求解，采用光子流代替光功率，将光子流与光功率的关系 $Q_K = P_K/h\upsilon_K$ 代入式（2-90）得

$$Q_K^{\mathrm{out}} = Q_K^{\mathrm{in}}\exp\left[\frac{1}{Q_K^{\mathrm{sat}}}(Q^{\mathrm{in}} - Q^{\mathrm{out}}) - \alpha_K L\right] \qquad (2-91)$$

其中 $Q^{\mathrm{in}} = \sum_j Q_j^{\mathrm{in}}$，$Q^{\mathrm{out}} = \sum_j Q_j^{\mathrm{out}}$。将式（2-91）进一步转化为

$$Q^{\mathrm{out}} = \sum_K Q_K^{\mathrm{in}}\exp\left[\frac{1}{Q_K^{\mathrm{sat}}}(Q^{\mathrm{in}} - Q^{\mathrm{out}}) - \alpha_K L\right] \qquad (2-92)$$

式（2-92）是关于总光子流输出 Q^{out} 的隐函数方程，它只是输入光子流 Q^{in}、固有饱和光功率 P^{sat} 及 EDF 长度 L 的函数，首先由式（2-92）解出 Q^{out}，然后代入式（2-91）便可解出第 K 束光的输出光功率，从而计算出 EDFA 的各种特性曲线。

EDFA 对信号光的增益，定义为

$$G = 10\lg(P^{\mathrm{out}}/P^{\mathrm{in}}) \qquad (2-93)$$

EDFA 主要由 EDF、波分复用器（wavelength division multiplexing，WDM）、泵浦源以及隔离器（isolator，ISO）组成，EDFA 基本结构如图 2-15 所示。

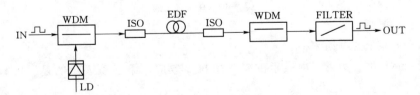

图 2-15　EDFA 基本结构

2.2.2　拉曼光放大器技术

2.2.2.1　拉曼散射

当光辐射作用在介质上，一部分的入射光直接透射过去，而一部分光则偏离原来的传播方向，形成散射光。在大部分非线性光学介质中，高能量（波长较短）的泵浦光发生散射，将一小部分入射功率转移到另一频率下移或上移的光束，频率偏移量由介质的振动模式决定，此过程就被称为受激拉曼效应。受激拉曼效应可以从量子力学和经典力学不同理论角度进行解释，它是一种输入光的电磁场与传输介质相互作用而产生的结果，通过受激拉曼效应实现对光的放大的过程称为拉曼放大。

受激拉曼散射的量子描述为：频率为 ω_f 的入射光波被介质分子散射成为一个低频光子 ω_a 的斯托克斯波和另一个高频光子 ω_{as} 的反斯托克斯波，同时完成分子振动态之间的跃迁，从而具有了增益特性。也就是说：泵浦光频率为 ω_f，产生的斯托克斯波频率为 ω_a，

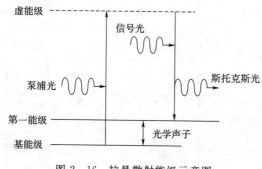

图 2-16　拉曼散射能级示意图

当信号光的频率落在以 ω_a 为中心的增益谱线范围内时，信号光就可以得到放大，拉曼散射能级示意图如图 2-16 所示。

如果从经典电磁场的理论解释，拉曼散射是由于分子的振动引起的线性电极化率的交替周期性变化产生的，物质的正负电荷的不均匀分布产生电偶极矩，电场强度为 E 的单色光入射到物质上时会产生电极化强度 P，其可以表示为

$$P = \varepsilon_0 \chi E \tag{2-94}$$

式中　χ——电极化率，和物质的电荷分布相关；

　　　ε_0——介质的介电常数。

单色光的电场强度可表示为

$$E = E_0 \cos\omega_p t$$

式中　ω_p——该光的频率。

当分子处于振动时，假设原子在分子中周期性变化位移的简正坐标为 Q，将 χ 按泰勒级数进行展开

$$\chi = \chi_0 + \left(\frac{\partial \chi}{\partial Q}\right)\bigg|_{Q=0} Q + \frac{1}{2!}\left(\frac{\partial^2 \chi}{\partial Q^2}\right)\bigg|_{Q=0} Q^2 + \frac{1}{3!}\left(\frac{\partial^3 \chi}{\partial Q^3}\right)\bigg|_{Q=0} Q^3 + \cdots \tag{2-95}$$

将原子的振动考虑成简谐振动，则 Q 可表示为

$$Q = Q_0 \cos\omega_q t \tag{2-96}$$

式中　Q_0——振幅；

　　　ω_q——原子的振动频率。

式（2-94）中右边第二项表示的是一阶拉曼效应，第三项表示的是二阶拉曼效应，以此类推。

假设我们忽略二级以上的拉曼效应，则电极化率 χ 变成

$$\chi = \chi_0 + \left(\frac{\partial \chi}{\partial Q}\right)\Big|_{Q=0} Q + \frac{1}{2!}\left(\frac{\partial^2 \chi}{\partial Q^2}\right)\Big|_{Q=0} Q^2$$

$$= \chi_0 + \left(\frac{\partial \chi}{\partial Q}\right)\Big|_{Q=0} Q_0 \cos\omega_q t + \frac{1}{2!}\left(\frac{\partial^2 \chi}{\partial Q^2}\right)\Big|_{Q=0} Q_0^2 \cos^2\omega_q t$$

$$= \chi_0 + \frac{1}{4}\left(\frac{\partial^2 \chi}{\partial Q^2}\right)\Big|_{Q=0} Q_0^2 + \left(\frac{\partial \chi}{\partial Q}\right)\Big|_{Q=0} Q_0 \cos\omega_q t + \frac{1}{4}\left(\frac{\partial^2 \chi}{\partial Q^2}\right)\Big|_{Q=0} Q_0^2 \cos 2\omega_q t \quad (2-97)$$

将式（2-97）的电极化率表达式写入式（2-94）中得到

$$P = \varepsilon_0 \left[\chi_0 + \frac{1}{4}\left(\frac{\partial^2 \chi}{\partial Q^2}\right)\Big|_{Q=0} Q^2\right] E_0 \cos\omega_p t + \frac{1}{2}\left(\frac{\partial \chi}{\partial Q}\right)\Big|_{Q=0} Q_0 \varepsilon_0 E_0 \left[\cos(\omega_p - \omega_q)t\right.$$

$$\left. + \cos(\omega_p + \omega_q)t\right] + \frac{1}{8}\left(\frac{\partial^2 \chi}{\partial Q^2}\right)\Big|_{Q=0} Q_0^2 \varepsilon_0 E_0 \left[\cos(\omega_p - 2\omega_q)t\right.$$

$$\left. + \cos(\omega_p + 2\omega_q)t\right] \quad (2-98)$$

式（2-98）描述了光场和声子之间的相互作用，等式右端后两项反映了拉曼频移现象，也就是斯托克斯光的产生，其中第二项 $\omega_p - \omega_q$ 代表斯托克斯频率光，$\omega_p + \omega_q$ 代表反斯托克斯频率光，而第三项则表示二次拉曼频移。

电极化强度反映了物质中正负电荷中心的相对运动关系，这种运动模式一般分为两种：一种是正电荷质心和负电荷质心相互对立运动；另一种是正电荷质心和负电荷质心一起相互协同运动。这两种运动模式具有不同的动能，其中电荷质心相互对立运动的这种模式具有更大的能量，这类运动产生的声子类型称作光学声子，另外一种电荷质心相互协同运动产生的声子类型称作声学声子，拉曼散射其实是光学声子与光子之间的相互作用产生的光学效应，而声学声子与光子之间的相互作用则被称为布里渊散射效应。

与自发拉曼散射原理对应的是受激拉曼散射，受激拉曼散射也是拉曼放大器产生的基础，普通的拉曼散射是介质内部的光学声子与入射光子发生作用，由于介质内分子的无规则热运动产生了光学声子，因此介质内部产生的光学声子的量子态也是各不相干，经过介质散射后的光波也是非相干的。而 SRS 却不一样，在受激拉曼散射过程中，相干入射光子是被受激相干声子所散射，发生 SRS 的微观过程：首先与一个入射的相干光子发生碰撞，产生了一个斯托克斯光子和一个受激态的声子，然后这个碰撞产生的受激态声子与入射的相干光子继续发生碰撞，又会产生一个斯托克斯光子和一个新的受激态声子，产生的受激声子不停重复这个过程，使得受激态声子的数量出现雪崩式放大；最后产生强度非常高的斯托克斯光，而且因为入射光子和受激态声子都处于同一量子态，所以产生的斯托克斯光波也是相干光。虽然，其间也有会反斯托克斯光子的产生，但由于反向斯托克斯光光强度和环境温度有很大关系，在环境温度较低时基本没影响，因此在拉曼激光放大研究中基本不予考虑。

受激拉曼散射效应相比于自发拉曼散射有更加鲜明的特点，主要有：①阈值性，只有当入射光强度满足一定阈值后，才会产生较为明显的受激拉曼效应；②高强度性，受激拉曼散射光的功率可达到入射光功率强度大小，泵浦光转换效率可达 60%；③单色性，散射光谱线宽度等于甚至小于入射光线宽；④方向性，受激拉曼散射光的发散角接近于激光的发散角；⑤高阶性，通过控制入射光功率和散射介质的一些参数，受激拉曼散射可以获得高阶斯托克斯光。

2.2.2.2　拉曼增益谱

拉曼效应普遍存在于介质和光的相互作用过程，相干光在一切物质中传输都会有拉曼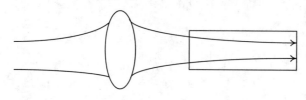散射的产生，但一般这种散射效应很弱，当高功率入射相干光汇聚在一个狭小空间中传输时，才会产生较为明显的拉曼散射效应。高斯光束传输示意图如图 2-17 所示，假设入射光先经过凸透镜聚焦，然后进入传播介质中传输。

图 2-17　高斯光束传输示意图

假设聚焦点处的束腰光斑半径是 r_0，则由高斯光束的传输规律可得

$$r(z)=r_0\sqrt{1+\left(\frac{\lambda z}{2\pi n r_0^2}\right)^2} \tag{2-99}$$

式中　　$r(z)$——z 处的高斯光束的光斑半径；

　　　　n——介质的折射率；

　　　　λ——光波长。

因为非线性效应的强度不仅与传输介质有关，还与光功率有关，光功率越大，非线性效应越强。在传输介质上对光功率强度分布积分，得

$$\int_{-L/2}^{L/2}\frac{P}{\pi r^2(z)}\mathrm{d}z<\int_{-\infty}^{+\infty}\frac{P}{\pi r^2(z)}\mathrm{d}z=\frac{2\pi n}{\lambda}P \tag{2-100}$$

式中　　L——传输介质的长度。

假设介质为是无限长的块状，则最后积分的结果是 $2\pi nP/\lambda$，这说明拉曼散射与介质的长度没有关系，只和光功率、介质的折射率和光波长有关。

假设传输介质为光纤，光波的横向分布可认为基本没有变化，即

$$r(z)=a$$

式中　　a——光纤的纤芯半径。

最后积分的结果为

$$\int_{-L/2}^{L/2}\frac{P}{\pi r^2(z)}\mathrm{d}z=\frac{P}{\pi a}\cdot\frac{L}{a} \tag{2-101}$$

由式（2-101）可以看出光功率强度分布和纤芯半径有关，一般纤芯半径和光波长在一个数量级上，这说明使用光纤非线性效应的程度比之前提高了 L/a 倍。在实际应用工程中，由于光信号功率的衰减限制，一般光纤的传输长度可以在 100km 左右，此时的 L/a 就可以达到十亿量级，因此采用光纤不仅可以弥补普通玻璃纤维非线性系数较小的缺陷，还可以降低因产生非线性效应所需的阈值功率，同时还可以通过改变光纤包层和芯径之间的折射率差来控制光波模式。

拉曼光纤放大器原理就是充分利用了光纤中的受激拉曼散射效应，由于石英光纤与其他介质相比有十分明显的优势特征，其中最为显著的是，拉曼增益谱的谱宽在石英光纤中

可达40THz，而大多数传输介质的拉曼增益谱都是在固定频率上。石英光纤不仅具有连续的拉曼增益谱，而且谱宽较宽，这非常适合用于通信传输中。究其原因与石英光纤微观结构特性有密切关联，石英光纤结构分子能级展宽成能级带，这些能级带之间互相交织产生连续能级，因此在宏观上表现为频移连续变化的增益谱。熔石英光纤中的拉曼增益谱如图2-18所示，拉曼增益在光纤中有一个十分显著的特征：增益系数 g_R 有一个很宽的频率范围，可达40THz，并且在频率为13.2THz左右有一个主峰。因此，可以用光纤作为带宽放大器的增益介质。当弱信号光注入光纤中时，泵浦光和信号光在光纤中同时传输，只要信号光的频率位于泵浦光的拉曼增益带宽频率范围内，信号光就可以被泵浦光放大，拉曼光纤放大器就是依据这种原理制成的。

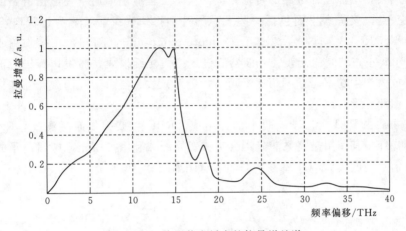

图2-18 熔石英光纤中的拉曼增益谱

拉曼光纤放大器是利用强泵浦光通过光纤传输时产生受激拉曼散射，使泵浦光和光纤介质发生相互作用，产生波长频移的斯托克斯光（散射光），信号光正好处于该斯托克斯光的频率范围内，从而使弱信号光放大获得拉曼增益。

拉曼放大器结构如图2-19所示，主要由WDM、放大器和泵浦激光器组成。其中增益光纤是拉曼放大器的核心器件。为了消除反射光对信号光的干扰，在放大器输出端和输入端各配置一个隔离器。泵浦激光器用于为信号光提供能量，WDM的作用是将泵浦激光和信号光耦合进同一传输光纤中。

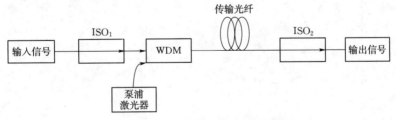

图2-19 拉曼放大器结构示意图

2.2.3 遥泵光放大器技术

远程泵浦光放大器（remote optically pumped amplifier，ROPA）简称为遥泵光放大

器，在无中继长距离通信系统中使用较为频繁，主要用于提高传输功率延长传输距离。目前在无中继长距海底光缆系统传输中，遥泵光放大技术已经广泛使用，但是在陆地光纤传输通信系统中应用较少，主要是应用在电力通信系统领域。目前，市场上已经开始使用高输出功率（波长在 1450~1490nm 范围内）的激光器，这大大加速了遥泵光放大技术在未来通信领域更为广泛的应用。

2.2.3.1　遥泵光放大器的基本原理

遥泵光放大器是在特殊盒体内放置一些无源器件和掺铒光纤组成掺铒光纤模块，然后将模块放置在光纤传输链路的特定位置。遥泵光放大器相当于一个线路放大器，可以对信号功率进行放大，增加光纤链路的传输距离。实际工程应用中通常在通信链路的适当位置熔接一个接头盒，接头盒里面包括一些无源器件和掺铒光纤，又称为远程增益单元（remote gain unit，RGU）。远程泵浦单元（remote pump unit，RPU）在接收端或发射端发送波长 1480nm 左右的泵浦光，经合波器后进入掺铒光纤模块并激发铒离子。信号光在模块内部获得放大产生功率增益。相比 EDFA，遥泵光放大器由于泵浦激光器和掺铒光纤在不同位置，因此称为"遥泵"。

ROPA 主要由 RGU 和 RPU 两个部分组成。RPU 主要提供泵浦激光，RGU 的主要部分是掺铒光纤，其作用是将泵浦光耦合进掺铒光纤，利用掺铒光纤中铒离子的受激辐射效应实现对信号的放大。ROPA 基本原理示意图如图 2-20 所示。

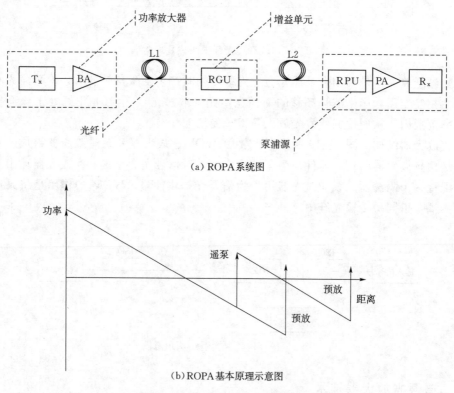

(a) ROPA 系统图

(b) ROPA 基本原理示意图

图 2-20　ROPA 基本原理示意图

2.2.3.2 遥泵子系统模块

遥泵子系统包括远程增益模块和泵浦单板两部分。

1. 远程增益模块

远程增益模块是由无源器件组成的模块，又称远程增益单元，用来放大信号光功率。在实际应用工程中，远程增益模块根据需要，做成不同样式放置在塔上或其他位置。

远程增益模块通常包含：WDM，实现泵浦光和信号光的合波或分波；EDF，为线路增益介质；ISO，隔离反向 ASE 噪声，改善远程增益模块的噪声指数；增益平坦滤波器（gain flat filter，GFF），使增益平坦宽阔，有助于系统更好地进行传输。远程增益模块（单向泵浦同纤应用）原理框图如图 2-21 所示。

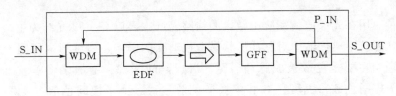

图 2-21 远程增益模块（单向泵浦同纤应用）原理框图

2. 泵浦单板

泵浦单板一般放置在站点（发端或收端），为 RGU 提供泵浦光源。远程泵浦板与远程增益模块组合使用，可使放大增益曲线宽阔平坦。

在通信系统中远程泵浦板的主要作用有：①作为随路使用时，可以实现信号光的放大；②调整泵浦激光器功率，实现增益的调整，从而可实现增益的缓变控制调整，提高系统的安全性；③具有相关性能检测和告警处理功能，并可根据网管要求执行相关操作；④远程泵浦板主要包括远程泵浦模块、通用控制模块（central control module，CCM）和通信接口。远程泵浦板模块搭建图如图 2-22 所示，其中 RPU 为遥泵子系统提供泵浦光源，对线路光信号进行放大；CCM 提供系统的性能监控与告警。

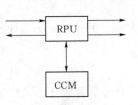

图 2-22 远程泵浦板模块搭建图

2.2.3.3 ROPA 与 EDFA 区别

如果不涉及 ROPA 和 EDFA 在系统中的应用，将 ROPA 作为一个功能模块来看，那么 EDFA 和 ROPA 不论在工作原理和组成上均是相同的，由传递泵浦能量的光纤、放大介质掺铒光纤以及提供泵浦源的泵浦激光器组成。其放大过程为掺铒光纤中的铒离子在泵浦光作用下由基态向高能级跃迁，铒离子在亚稳态能级上停留，实现粒子数反转分布，当入射信号光进入铒纤，激励亚稳态铒离子通过受激辐射跃迁至基态，产生与信号光同频率的光子，从而实现了对信号光的放大。

ROPA 与 EDFA 在基本结构上的区别在于，遥泵结构中掺铒光纤和泵浦源等器件不是放置在同一个盒子中。ROPA 中相关的无源器件和掺铒光纤放置在传输链路中，而泵浦源放置在站点（发射端或者接收端）。同时，随着 ROPA 中 RGU 在系统中放置的位置不同，ROPA 系统的泵浦功率及信号入铒纤的功率是不同的，相应地，ROPA 的噪声指数和增益也随着其放置位置的不同而变化。换句话说，ROPA 既不是功率锁定也不是增益锁定，而是一个动态放大器。

另外，在 ROPA 系统中，由于远程增益单元与远程泵浦单元之间的距离较远，因此需要较大的泵浦源输出功率。目前海底无中继通信系统中使用的远程泵浦源输出功率已达 4W，这种大功率输出的要求对于单个半导体激光器来说一般很难实现，目前采用的技术为拉曼光纤激光器，其输出功率可达数瓦，这使得 RFL 可在 ROPA 系统中作为泵浦源使用，可为远端的 RGU 提供足够的泵浦源。

2.3　色散补偿技术

目前大量应用在光纤通信系统中敷设的线路光纤主要以 G.652 光纤为主，其较大的色散系数在高速超长距离传输中对脉冲形状易造成畸变的影响，最终形成码间干扰，色散对传输系统的影响主要是色散造成脉冲展宽、形成码间干扰、增加误码率。如 2.1.2 节所述，色散分为模间色散、色度色散和偏振模色散三种。由于模间色散主要发生在多模光纤，而现在多模光纤使用较少，且在长距离传输系统中均采用单模光纤，因此本节主要介绍基于色度色散和偏振模色散的色散补偿技术及相关仿真计算。

2.3.1　色度色散补偿

单模光纤信道的群时延色散模型可表示为
$$Y(w) = X(w)H(w) \tag{2-102}$$
式中　$Y(w)$——光纤输出信号频率域表达；

$X(w)$——光纤输入信号的频率域表达；

$H(w)$——光纤信道的色散传递函数。

为了有效补偿光纤信道色散影响，采用可拟的传递函数 $H^{-1}(w)$ 设计数字 FIR 滤波器。其中数字 FIR 滤波器的色散补偿传递函数为
$$H^{-1}(w) = \exp\left(\frac{j}{2}\beta_2 Lw^2\right) H(w) \tag{2-103}$$
式中　β_2——光纤二阶系数；

L——光纤长度；

w——角频率。

由于色散作用的线性非时变特性，采用固定抽头系数的 FIR 滤波器即可对光纤色散进行有效补偿。

根据接收到的信号 $Y(w)$，恢复光纤入射信号 $X'(w)$，其公式为
$$X'(w) = Y(w)H^{-1}(w) \tag{2-104}$$
经过傅立叶变化其时域表达为
$$x'(t) = y(t) * h^{-1}(t) = \sum_{-\infty}^{+\infty} h^{-1}(t)y(\tau - t) \tag{2-105}$$
经过离散化为

$$x'(kT) = \sum_{-\infty}^{+\infty} h^{-1}(kT) y(\tau - kT) \qquad (2-106)$$

式中　T——时域采样间隔；

　　　k——序列次序。

由于 FIR 滤波器长度（tap）有限，令截取长度为 N，式（2-106）可表示为

$$x'(kT) = \sum_{\tau=0}^{N-1} h^{-1}(kT) \cdot y(\tau - kT) = \sum_{\tau=0}^{N-1} C_k \cdot y(\tau - kT) \qquad (2-107)$$

式中　C_k——抽头系数。

由此得到补偿色散的 FIR 滤波器模型。

对于 CD 而言，一般情况下，均衡滤波器抽头系数 M 与残余色散（residual chromatic dispersion，RCD）关系为

$$M = \lambda 2Rb\Delta\nu RCD/c$$

因此，均衡滤波器的抽头数目越多，能够补偿的线路残余色散越大。例如，对于 9 个抽头的均衡滤波器，可以实现 ± 1000ps/nm 的残余色散补偿，而要补偿 25000ps/nm 的 CD，抽头个数需要达到 256 个左右。

综合对业界主流厂商的调研结果，对于相干接收 PM-QPSK 100Gbit/s WDM 传输系统，从技术实现角度，完全可以实现 50000ps/nm 甚至更大的 CD 补偿范围，但是更大的 CD 补偿范围意味着更复杂的算法，因此实际设备研发应根据未来的应用场景确定合理的 CD 补偿范围。对于陆地传输系统，100Gbit/s WDM 传输系统最大无电中继传输距离一般在 2000km 以内，因此 $35000 \sim 40000$ps/nm 的 CD 补偿范围可以满足绝大多数陆地 100Gbit/s WDM 传输系统的部署需求。

2.3.2 PMD 补偿

受光纤工艺和实际环境因素的限制，接收光信号的偏振态往往表现出随机性，这种损伤的处理需要使用自适应的均衡技术。在偏分复用系统中，假设发射端输出的两路偏振信号分别为 E_V 和 E_H，把两路偏振信号用其相位 $\phi_V(t)$ 和 $\phi_H(t)$ 表示

$$\begin{bmatrix} E_v \\ E_H \end{bmatrix} \rightarrow \begin{cases} \exp[j\phi_V(t)] \\ \exp[j\phi_H(t)] \end{cases} \qquad (2-108)$$

通过光纤信道后，接收端信号在偏振方向上相比发射端有一定的相位旋转。接收端信号相位 $\phi_{V'}(t)$ 和 $\phi_{H'}(t)$ 可用式（2-109）表示，其中 $\begin{bmatrix} h_{11} h_{12} \\ h_{21} h_{22} \end{bmatrix}$ 为光纤信道传输函数的二维矩阵。

经过光纤信道传输后的两路偏振信号为

$$\begin{cases} \exp[j\phi_{V'}(t)] \\ \exp[j\phi_{H'}(t)] \end{cases} = \begin{pmatrix} h_{12} h_{12} \\ h_{21} h_{22} \end{pmatrix} \begin{cases} \exp[j\phi_V(t)] \\ \exp[j\phi_H(t)] \end{cases} = \begin{cases} h_{11}\exp[j\phi_V(t)] + h_{12}\exp[j\phi_H(t)] \\ h_{21}\exp[j\phi_V(t)] + h_{22}\exp[j\phi_H(t)] \end{cases} \qquad (2-109)$$

由上述可知，接收到的每路偏振信号同时包含发射端的两路偏振信息。在接收端通过使用蝶形结构的滤波器实现均衡和解复用功能，其结构示意图如图 2-23 所示。

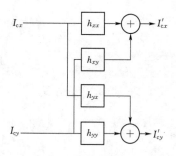

图 2-23　蝶形滤波器结构示意图

针对抽头系数 $[h_{xx}, h_{xy}, h_{yx}, h_{yy}]$ 获取与更新方法的不同，可以采用衡定模算法（constant modulo algorithm，CMA）和最小均方根（least mean square，LMS）算法进行信号恢复。

1. CMA 算法

CMA 算法是一种盲均衡算法，不需要外部供给期望响应，只根据接收到的信号序列本身进行自适应均衡。其基本原理是根据相位调制系统中信号模值不变这一特征，将输出信号与参考信号的模值之差作为算法代价函数。当代价函数最小（模值相等）时，即可实现输出信号的偏振方向与发射端信号偏振方向一致。采用图 2-23 的蝶形滤波器进行自适应均衡时，CMA 算法抽头系数更新方程为

$$
\begin{aligned}
h_{xx} &= h_{xx} + \mu\varepsilon_x I'_{cx} I^*_{cx} \\
h_{xy} &= h_{xy} + \mu\varepsilon_x I'_{cx} I^*_{cy} \\
h_{yx} &= h_{yx} + \mu\varepsilon_y I'_{cy} I^*_{cx} \\
h_{yy} &= h_{yy} + \mu\varepsilon_y I'_{cy} I^*_{cy}
\end{aligned}
\tag{2-110}
$$

其中，μ——步长因子。

误差函数为

$$
\begin{aligned}
\varepsilon_x &= \{1 - |I'_{cx}|^2\} \\
\varepsilon_y &= \{1 - |I'_{cy}|^2\}
\end{aligned}
$$

式中　I'_{cx}、I'_{cy}——蝶形滤波器 X、Y 偏振方向输出参数。

2. LMS 算法

LMS 算法的代价函数是输出信号与参考信号的均方误差，即

$$
J(n) = E\left[(I'_c - d)^2\right]
$$

式中　d——参考信号；

I'_c——均衡器输出。

使 I' 趋近于 d 即可使代价函数最小化。

采用蝶形滤波器结构进行自适应均衡时，LMS 算法的抽头系数更新方程为

$$
\begin{aligned}
h_{xx} &= h_{xx} + \mu\varepsilon_x I^*_{cx} \\
h_{xy} &= h_{xy} + \mu\varepsilon_x I^*_{cx} \\
h_{yx} &= h_{yx} + \mu\varepsilon_y I^*_{cy} \\
h_{yy} &= h_{yy} + \mu\varepsilon_y I^*_{cy}
\end{aligned}
\tag{2-111}
$$

式中　μ——步长因子。

误差函数为

$$
\begin{aligned}
\varepsilon_x &= \exp\{j\phi_x\} d_x - I'_{cx} \\
\varepsilon_y &= \exp\{j\phi_y\} d_y - I'_{cy}
\end{aligned}
$$

式中　d_x、d_y——参考信号（即判决输出的两偏振理想信号）。

　　　ϕ_x、ϕ_y——均衡器输出信号与参考信号之间的相位差。

PMD 补偿较 CD 补偿要复杂一些，由于要分离 2 个偏振态，因此需要使用蝶形均衡架构，其中 h_{xx}、h_{xy}、h_{yy}、h_{yx} 为 4 个 FFE 滤波器，当需要补偿最大群时延差（differential group delay，DGD）为 20ps 时，对于 112G PM - QPSK 系统，假如接收端使用 2 倍采样，PMD 补偿抽头间延迟为

$$1/28G/2 = 17.9ps$$

因此补偿 PMD 引起的码间干扰，从一边来看需要 20/17.9≈1.1 个抽头，考虑两边则需要 1.1×2+1≈3 个抽头。

综合对业界主流厂商的调研结果，对于相干接收 PM - QPSK 100Gbit/s WDM 传输系统，各厂商确定的 *PMD* 补偿范围一般都在 20～30ps（平均 *PMD*）范围内，已经超出了 10Gbit/s WDM 系统的 *PMD* 容限指标，可以认为满足大多数 100Gbit/s WDM 传输系统应用场景的部署需求。

2.3.3　电 CD/PMD 补偿仿真和验证

电 CD/PMD 补偿中的仿真参数设置见表 2 - 4。仿真中的误码率采用蒙特卡罗方法得到，只有在每次仿真中出现的误码个数超过 100 个时才停止仿真，得到相应的误码率。在仿真中为了更好地验证 CD/PMD 等线性损伤的补偿效果，在本节中光纤模型为线性模型（仅含色散、衰减），不考虑自相位调制、交叉相位调制等非线性效应的影响。

表 2 - 4　　　　　　　　　电 CD/PMD 补偿中的仿真参数设置

速率及格式	100Gbit/sPM - NRZ - DQPSK	码元数/个	214
发射功率/dBm	0	每符号采样点数/个	64
信道数/个	1	波长/nm	1550
脉冲占空比	1	升余弦滚降系数	0.2
光纤色散系数（ps/nm/km）	17	光纤 PMD 系数	$0.04ps/km^{1/2}$

1. 基于 FIR 滤波器的色散补偿效果

在不加噪声，不经过光纤传输中损伤影响的背靠背系统中，接收的一路偏振方向的信号理想星座图如图 2 - 24 所示。

设置 FIR 滤波器补偿值同光纤累积色散值相同，在不同的滤波器抽头系数下，仿真得到误码率与光纤传输长度间的关系基于 FIR 滤波器的色散补偿性能见表 2 - 5。由于蒙特卡罗仿真在得到较低的误码率时耗时太长，仿真中误码率低于 10^{-4} 的结果统一用 0 表示。

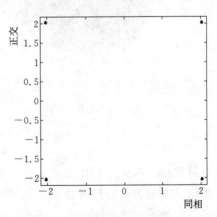

图 2 - 24　背靠背系统传输星座图

表 2-5　　　　　　　　　基于 FIR 滤波器的色散补偿性能

传输距离	10 抽头	20 抽头	30 抽头	40 抽头	50 抽头
50km	0	0	0	0	0
100km	0	0	0	0	0
150km	6.48×10^{-2}	0	0	0	0
200km	3.71×10^{-1}	0	0	0	0
250km	5.25×10^{-1}	0	0	0	0
300km	5.75×10^{-1}	7.69×10^{-2}	0	0	0
400km	6.76×10^{-1}	3.87×10^{-1}	7.08×10^{-3}	0	0
500km	7.12×10^{-1}	5.30×10^{-1}	1.77×10^{-1}	2.44×10^{-4}	0

可以发现，当抽头系数较小时，在光纤长度从 50km 增加到 500km、累积残余色散从 850ps/nm 增加到 8500ps/nm 时，系统误码率逐渐增加，传输性能变差，色散补偿容限和 FIR 滤波器的抽头个数有关。随着抽头个数增加，FIR 滤波器的色散补偿容限逐渐增加，只要抽头个数足够多，就可以完全补偿相关的色散积累产生的损伤影响。经过 100km 光纤传输后，不采用基于 FIR 滤波器的色散补偿时接收到的一路偏振方向信号星座图如图 2-25（a）所示，采用 20 个抽头的 FIR 滤波器补偿后的星座图如图 2-25（b）所示。经过 500km 光纤传输时接收到的一路偏振方向信号的星座图在不经过色散补偿和经过 50 个抽头的 FIR 滤波器补偿后的星座图分别如图 2-26 所示。

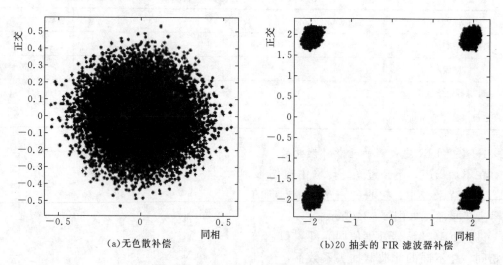

（a）无色散补偿　　　　　　　　　　（b）20 抽头的 FIR 滤波器补偿

图 2-25　经过 100km 传输后的星座图

可以发现，不经过 FIR 滤波器进行色散补偿时，星座图扩散严重，信号完全无法接收。采用 FIR 滤波器进行补偿后，色散影响可基本补偿，信号可正常接收。采用 FIR 滤波器可以有效对色散进行补偿，提高系统传输性能。在接收端光信号噪声存在的情况下，采用抽头个数为 20 的 FIR 滤波器补偿 100km 光纤和背靠背传输时的 $OSNR-BER$ 曲线如图 2-27 所示。可以发现,只在抽头个数为 20 的条件下,不包含自适应均衡、相位恢复等数字信号处理步骤,FIR 滤波器对色散的补偿效果很好,和背靠背系统接收机误码率非常接近。

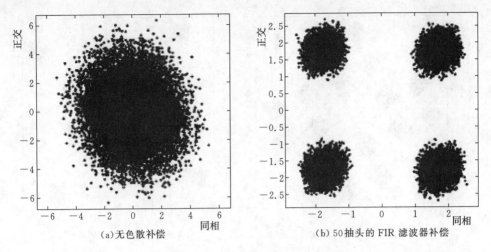

(a) 无色散补偿　　　　　　　　　(b) 50 抽头的 FIR 滤波器补偿

图 2-26　经过 500km 传输后的星座图

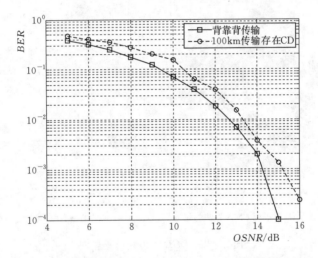

图 2-27　100km 光纤和背靠背传输时采用 20 抽头 FIR 滤波器的 $OSNR-BER$ 曲线

2. PMD 补偿及偏振解复用仿真验证

当光纤中仅存在 PMD 效应时,利用接收机蝶形滤波器结构,采用 CMA 自适应均衡算法进行偏振解复用及偏振模色散补偿。其中 CMA 算法中抽头长度为 7,补偿为 1/6000。我们在接收端不包括频率估计和相位估计处理的情况下,仅采用蝶形滤波器结构和自适应CMA 均衡算法,考察 CMA 对 PMD 的补偿和偏振解复用功能。

当系统 DGD 为 10ps 和 20ps 时,经过接收端 CMA 算法处理和不经过 CMA 算法处理时接收到的 X 和 Y 两路偏振方向信号的星座图如图 2-28、图 2-29 所示。从图 2-28、图 2-29 中可以看出,如果不使用自适应均衡算法和解偏振复用,接收到的信号受到偏振模色散的影响严重，无法正常恢复信号星座图。采用 CMA 算法后，可以有效地改善 PMD 的影响并实现解偏振复用。但是输出星座图往往带有随机的相位旋转，由于 CMA 算法只能保证接收信号的模值恒定，因而不能去除该偏移相位。

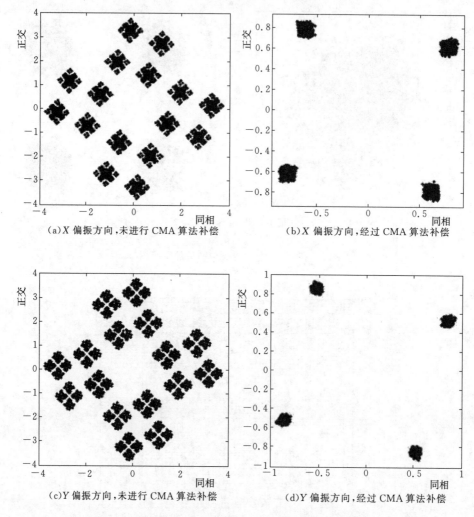

（a）X 偏振方向，未进行 CMA 算法补偿　　　　（b）X 偏振方向，经过 CMA 算法补偿

（c）Y 偏振方向，未进行 CMA 算法补偿　　　　（d）Y 偏振方向，经过 CMA 算法补偿

图 2-28　$DGD=10\text{ps}$ 时星座图

在随后的仿真中添加了基于四次方运算的相位估计算法，仿真条件和图 2-29 中的条件一样，得到的一路偏振方向星座图如图 2-30 所示，和图 2-29 相比，发现经过相位恢复处理后，在 CMA 算法均衡后不能解决的相位旋转被有效地补偿。

为了进一步考察相位估计对噪声和 DGD 等损伤的补偿作用，考虑了噪声和 DGD 同时存在的情况。接收端 $OSNR$ 为 18dB，DGD 为 5ps 时接收到的 X、Y 两路偏振方向信号星座图如图 2-31 所示。

同样仿真条件下，增加相位估计模块后接星座图如图 2-32 所示。

仿真 DGD 为 5ps 时，不同 $OSNR$ 条件下，是否采用相位估计处理时对应的 $OSNR-BER$ 曲线。其中不采用相位估计处理时的系统误码率如图 2-33 所示。

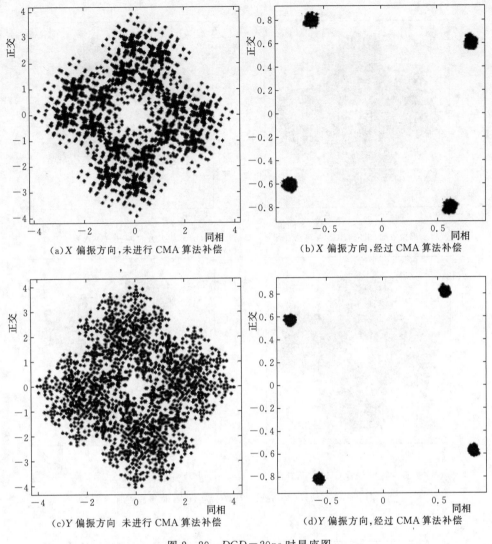

(a)X 偏振方向,未进行 CMA 算法补偿   (b)X 偏振方向,经过 CMA 算法补偿

(c)Y 偏振方向 未进行 CMA 算法补偿   (d)Y 偏振方向,经过 CMA 算法补偿

图 2-29　$DGD=20\text{ps}$ 时星座图

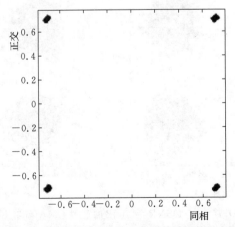

图 2-30　经过自适应均衡和相位估计后的星座图

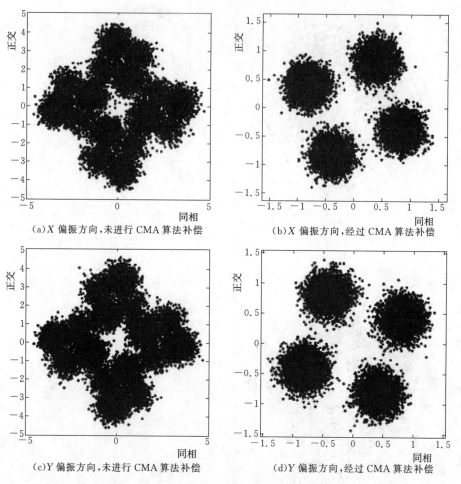

(a)X 偏振方向,未进行 CMA 算法补偿　　(b)X 偏振方向,经过 CMA 算法补偿

(c)Y 偏振方向,未进行 CMA 算法补偿　　(d)Y 偏振方向,经过 CMA 算法补偿

图 2 - 31　DGD 为 5ps、$OSNR$ 为 18dB 时星座图

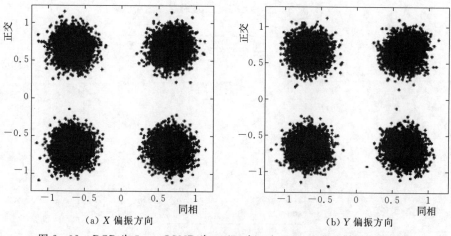

(a) X 偏振方向　　　　　　　　(b) Y 偏振方向

图 2 - 32　DGD 为 5ps、$OSNR$ 为 18dB 时经过 CMA 和相位估计的星座图

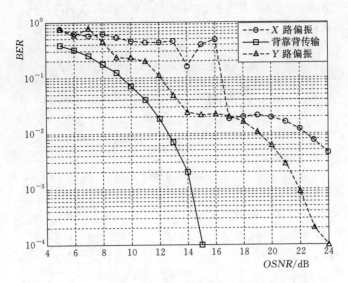

图 2-33　DGD＝5ps 时不采用相位估计的系统误码率

在图 2-33 中可以看到，两路偏振的解调结果误码严重，并且 BER 随信噪比
(signal-to-noise, SNR) 增加的波动性较大，这是由于相位旋转导致的不确定性造成的。
同样条件下，当经过接收机相位估计处理后，系统误码率如图 2-34 所示。可以发现，加
入相偏估计后，X 和 Y 方向信号误码率均有显著提高，明显逼近背靠背传输时的系统性
能。因此在基于自适应均衡的 PMD 补偿和解偏振复用中，除了采用自适应的均衡算法，
对接收到的信号进行相位恢复处理是不可少的。

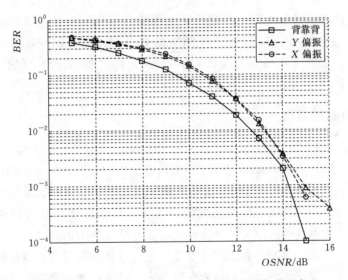

图 2-34　DGD＝5ps 时采用相位估计的系统误码率

3. 光纤中 CD、PMD 同时存在时的仿真验证

光纤中同时存在 CD 和 PMD，接收机利用 FIR 滤波器、CMA 算法及相偏估计算法补

偿色散、偏振模色散并进行偏振解复用。在噪声的影响下，$DGD = 5\text{ps}$，信号传输 100km 的系统误码率如图 2-35 所示。

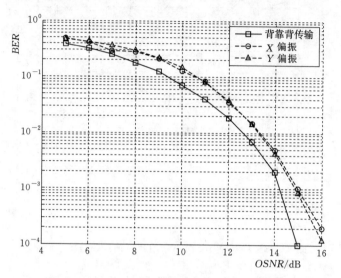

图 2-35　色散、DGD 同时存在时的系统误码率

　　从图 2-35 中可以看到，即使在色散和偏振模色散联合作用下，接收机利用数字 FIR 滤波器、蝶形滤波器加相偏估计算法时，补偿效果能够接近背靠背时的性能。

2.4　相干光通信技术

　　相干光通信技术是目前最先进的超长距光通信技术之一，具有灵敏度高、中继距离长、选择性好、通信容量大等优点，按调制格式分为 PM-BPSK、PM-QPSK 以及 PM-QAM 等。目前相干光通信中最先进的做法是利用 PM-QPSK 调制与相干接收相结合的方式进行传输。

2.4.1　相位调制的基础

1. 电光效应

马赫-曾德尔（Mach Zehnder，MZ）调制器是实现相位调制的关键器件，它是根据材料的电光效应所制成。MZ 调制器作为新型光调制格式的调制器件，受到广泛的关注和研究。在 MZ 调制器中，当在电光晶体上施加电压后，其折射率以及折射率主轴会发生变化，从而使通过电光晶体的光波特性发生改变，这种性质称为电光效应。当晶体折射率与外加电场的幅度成线性变化时，称为线性电光效应，即普科尔效应；当晶体的折射率与外加的电场幅度的平方成比例变化时，称为克尔效应。目前，制作光调制器应用最主要的物理效应为普科尔效应。

　　由晶体光学可知，对于垂直于折射率椭球主平面传播的线偏振光，电光效应引起的折射率变化 Δn 可以表示成

$$\Delta n = -n^3 rE/2 \qquad\qquad (2-112)$$

式中　n——电光晶体寻常光的折射率；

　　　r——电光晶体的有效电光系数；

　　　E——外加电场强度。

在具有 Δn 变化的介质中，光波传出 L 距离后，两个偏振方向的光束相位变化 $\Delta\Phi$ 可表示成

$$\Delta\Phi = 2\pi L \Delta n/\lambda_0 \qquad\qquad (2-113)$$

式中　λ_0——光波在真空中的波长。

对于一定结构的电光调制器，可在沿光波传播的方向上施加电场强度 E。如果将电压 U 加在长度为 L 的电光晶体上，则沿 L 长度上的电场强度 E 可表示为 $E = U/L$。

若在电光晶体上施加 $U = U_\pi$ 的电压，相位变化 $\Delta\Phi = \pi$，则可推导出

$$U_\pi = \lambda_0/n^3 r \qquad\qquad (2-114)$$

式中　U_π——半波电压。

2. MZ 调制器

MZ 调制器的典型结构如图 2-36 所示。一个 Y 分支将输入光波分为功率相等的两束光，然后分别经两路光波导传输。由电光材料制成的光波导的折射率随外加电压的大小而变化，因此到达第二个 Y 分支的两束光可产生相位差，若经过光波导的两束光的光程差是波长的整数倍，则相干加强；若光程差是波长的半整数倍，则相干抵消。因此，通过外加电压的方式可实现对光信号的调制。

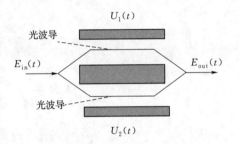

图 2-36　MZ 调制器典型结构

对 MZ 调制器施以外加电压，其两臂的输出信号相位分别为

$$\phi_1 = \frac{\omega}{c} n_{eff} L + \frac{\omega}{2c} n 3_{eff} \gamma_{33} \frac{U_1}{G} \Gamma L = \frac{2\pi n_{eff} L}{\lambda} + \pi \frac{U_1}{U_\pi} \qquad (2-115)$$

$$\phi_2 = \frac{\omega}{c} n_{eff} L + \frac{\omega}{2c} n 3_{eff} \gamma_{33} \frac{U_2}{G} \Gamma L = \frac{2\pi n_{eff} L}{\lambda} + \pi \frac{U_2}{U_\pi} \qquad (2-116)$$

式中　　ω——光载频；

　　　　c——真空光速；

　　　　L——电极长度；

　　n_{eff}——LiNbO$_3$ 光波导的有效折射率；

　　　　G——电极间的间隔；

　　γ_{33}——线性电光张量的第九个分量；

　　　　Γ——电场与光场之间的重叠因子；

　　　　λ——真空波长；

U_1、U_2——臂 1 和臂 2 上的外加调制电压；

　　　U_π——半波电压。

U_π 定义为

$$U_\pi = \frac{\lambda G}{n_{\mathrm{eff}}^3 \gamma_{33} \Gamma L} \tag{2-117}$$

经过输出端的 Y 分支，两束光产生干涉，合成的光场为

$$E_{\mathrm{out}} = (0 \quad 1) \begin{bmatrix} \sqrt{\rho_2} & j\sqrt{1-\rho_2} \\ j\sqrt{1-\rho_2} & \sqrt{\rho_2} \end{bmatrix} \begin{bmatrix} \exp(j\phi_1) & 0 \\ 0 & \exp(j\phi_2) \end{bmatrix} \begin{bmatrix} \sqrt{\rho_1} & j\sqrt{1-\rho_1} \\ j\sqrt{1-\rho_1} & \sqrt{\rho_1} \end{bmatrix} \begin{bmatrix} E_{\mathrm{in}} \\ 0 \end{bmatrix}$$

$$= jE_{\mathrm{in}} \left[\sqrt{\rho_1(1-\rho_2)} \exp(j\phi_1) + \sqrt{\rho_2(1-\rho_1)} \exp(j\phi_2) \right] \tag{2-118}$$

式中 ρ_1 和 ρ_2——两个耦合器（Y 分支）的功率分配比。

通常 MZ 调制器的两个耦合器均为 3dB 耦合器，即 $\rho_1 = \rho_2 = 1/2$，则有

$$E_{\mathrm{out}} = jE_{\mathrm{in}} \exp\left(j\,\frac{\phi_1+\phi_2}{2}\right) \cos\frac{\phi_1-\phi_2}{2}$$

$$= j\exp(j\beta L) \exp\left(j\,\frac{\pi}{2}\,\frac{U_1+U_2}{U_\pi}\right) \cos\left(\frac{\pi}{2}\,\frac{U_1-U_2}{U_\pi}\right) \tag{2-119}$$

其中

$$\beta = \frac{2\pi n_{\mathrm{eff}}}{\lambda}$$

输出端的光强为

$$I_{\mathrm{out}} = E_{\mathrm{out}} E_{\mathrm{out}}^* = I_{\mathrm{in}} \cos^2\frac{\phi_1-\phi_2}{2} = I_{\mathrm{in}} \cos\left(\frac{\pi}{2}\,\frac{U_1-U_2}{U_\pi}\right) \tag{2-120}$$

其中 $I_{\mathrm{in}} = |E_{\mathrm{in}}|^2$，MZ 调制器的传输曲线如图 2-37 所示。

从图 2-37 中可以看出，当电极之间的电压差 ΔU 为 U_π 的整数倍时，此时的输出光强最强；当 ΔU 为 $U_{\pi/2}$ 的 $(2n+1)$ 倍时，此时的输出光强最小。

调制器的传输曲线上有 4 个关键点，即传输曲线的最低点（Null），最高点（Peak），上升沿中间点（Quad+）和下降沿中间点（Quad-），如图 2-38 所示。

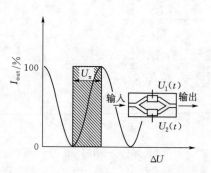

图 2-37 MZ 调制器的传输曲线

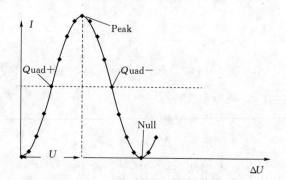

图 2-38 MZ 调制器传输曲线关键点

MZ 调制器调制偏置与调制码型的关系图如图 2-39 所示。其中，传输曲线中的虚线为相位与 ΔU 的关系曲线；可以看到，当调制器偏置在 Quad 点，驱动电压摆幅为 U_π 时，可实现 OOK 调制；当调制器偏置在 Null 点，驱动电压摆幅为 $2U_\pi$ 时，可实现 2PSK 调制。

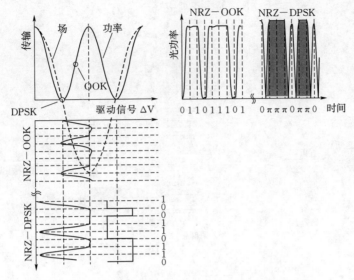

图 2-39　MZ 调制器调制偏置与调制码型的关系图

2.4.2　四相相移键控调制理论

1. QPSK 的概念

四相相移键控（quaternary phase shift keying，QPSK）是常用的一种卫星数字信号调制方式，它具有较高的频谱利用率、较强的抗干扰性、在电路上实现也较为简单等特点。

QPSK 的每一种载波相位对应两个比特信息，故每个四进制码元又被称为双比特码元。α 表示组成双比特码元的前一信息比特，β 表示后一信息比特。双比特码元与载波相位的关系见表 2-6，对应的矢量关系如图 2-40 所示。

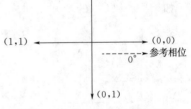

图 2-40　QPSK 信号的矢量图

表 2-6　　　　　　　　　双比特码元与载波相位关系

双比特码元		载波相位
α	β	B 方式
0	0	0°
1	0	90°
1	1	180°
0	1	270°

2. QPSK 调制器

两个 MZ 调制器可实现 QPSK 调制，实现原理如图 2-41 所示。首先将信号数据分成两个比特流，然后分别调制两个 MZ 调制器。两个 MZ 调制器都偏置在 Null 点，驱动幅度为 $2U_\pi$。

MZ 调制器的输出可表示为

$$E_{out} = E_{in}\cos[\pi U(t)/2U_{\pi}] \tag{2-121}$$

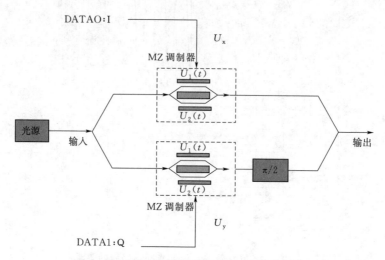

图 2-41　MZ 调制器实现 QPSK 调制原理框图

QPSK 调制器的输出可表示为

$$\begin{aligned}
E_{out} &= E_{in}\{\cos[\pi U_x(t)/2U_{\pi}] + \cos[\pi U_y(t)/2U_{\pi}]e^{j\pi/2}\} \\
&= E_{in}\{\cos[\pi U_x(T)/2U_{\pi}] + j\cos[\pi U_y(T)/2U_{\pi}]\} \\
&= E_{in}\sqrt{\cos^2[\pi U_x(t)/2U_{\pi}] + \cos^2[\pi U_y(t)/2U_{\pi}]}\, e^{j\tan\left\{\frac{\cos[\pi U_y(t)/2U_{\pi}]}{\cos[\pi U_x(t)/2U_{\pi}]}\right\}}
\end{aligned} \tag{2-122}$$

如果 U_x 和 U_y 的 0 和 1 对应 0 和 $2U_{\pi}$ 时,其与 QPSK 输出信号的关系见表 2-7。

表 2-7　　　　　　　　　　U_x 和 U_y 与 QPSK 输出信号的关系

DATA0 DATA1	$U_x(t)$	$U_y(t)$	$\cos(\pi U_x(t)/2U_{\pi})$	$\cos[\pi U_y(t)/2U_{\pi}]$	$\tan^{-1}\left\{\frac{\cos[\pi U_y(t)/U_{\pi}]}{\cos[\pi U_x(t)/U_{\pi}]}\right\}$
00	0	0	1	1	$\pi/4$
01	0	$2U_{\pi}$	1	-1	$-\pi/4$
10	$2U_{\pi}$	0	-1	0	$3\pi/4$
11	$2U_{\pi}$	$2U_{\pi}$	-1	-1	$5\pi/4$

3. QPSK 的实现

　　QPSK 调制的两个 MZ 调制器都偏置在 Null 点,且驱动电压幅度均为 $2U_{\pi}$。但 Null 点的电压并不是一个固定值,其会随环境温度、激光器发光功率及光纤引入损耗等多种因素的改变而发生漂移,从而导致调制器输出的信号劣化。因此,需要通过偏置点控制电路来控制 Null 点的电压。

　　为将偏置点的电压控制在最佳值,需分析 MZ 调制器在最佳偏置点的输入、输出信号的特点。

　　当信号输入时,MZ 调制器的转换函数可表示为

$$P_o = \frac{P_i}{2}\left\{1 + \cos\left[\frac{\pi}{U_{\pi}}U_b + U(t) + \theta\right]\right\} \tag{2-123}$$

若输入的是幅值为 U_0，频率为 ω 的周期信号，则

$$U(t) = U_0 \cos(\omega_t) \qquad (2-124)$$

将式（2-123）归一化为 $P = 2P_o / P_i$，并将 $U(t)$ 代入，可得

$$P = 1 + \cos[u(t) + \phi_T] = 1 + \cos U(t) \cos\phi_T + \sin U(t) \sin\phi_T \qquad (2-125)$$

其中，$\phi_T = \theta + (\pi U_b)/U_\pi$。

将式（2-125）用泰勒级数展开，并保留到三次项，得

$$P = 1 + \cos\phi_T \left[1 - \frac{1}{2!} U(t)^2 \right] + \sin\phi_T \left[U(t) - \frac{1}{3!} U(t)^3 \right] \qquad (2-126)$$

将式（2-124）代入式（2-126），整理得

$$\begin{aligned} P &= 1 + \cos\phi_T + U_0 \cos(\omega t) \sin\phi_T - \frac{1}{2} U_0^2 \cos^2(\omega t) \cos\phi_T - \frac{1}{6} U_0^3 \cos^3(\omega t) \sin\phi_T \\ &= 1 + \left(1 - \frac{1}{4} U_0^2 \right) \cos\phi_T + \left(U_0 - \frac{1}{8} U_0^3 \right) \cos(\omega t) \sin\phi_T - \frac{1}{4} U_0^2 \cos(2\omega t) \cos\phi_T \\ &\quad - \frac{1}{24} U_0^3 (3\omega t) \sin\phi_T \end{aligned} \qquad (2-127)$$

$$P^{(1)} = \left(U_0 - \frac{1}{8} U_0^3 \right) \cos(\omega t) \sin\phi_T \qquad (2-128)$$

取

$$P^{(2)} = -\frac{1}{4} U_0^2 \cos(2\omega t) \cos\phi_T \qquad (2-129)$$

在不考虑三次谐波的情况下，偏置点与一次和二次谐波分量的关系如图 2-42 所示。

通过图 2-42 得出如下结论：根据谐波分量的变化沿着转换函数曲线上 min 点、max 点、Quad ＋ 点和 Quad － 点的位置对转换特性进行分析可知，min 和 max 点基波分量最小，二次谐波分量最大。Quad 点二次谐波分量最小，基波分量最大。当 $\cos\varphi T = 0$，$\theta + (\pi U b)/U_\pi = k\pi \pm \pi/2$，$k = 0$，$\pm 1$，$\pm 2$，… 时，二次谐波分量为零，即 $U_b = (k \pm 1/2 - \theta/\pi) U_\pi$，$k = 0, \pm 1$，$\pm 2$，…；当 $\sin\varphi T = 0$，$\theta + (\pi U_b)/ U_\pi = k\pi$，$k = 0, \pm 1, \pm 2$，… 时，基波分量为零。因此，为满足 MZ 调制器的工作点能稳定在 min 点、max 点、Quad ＋ 点和 Quad － 点，调制器的偏置电压应满足上述条件。

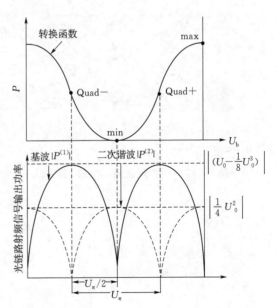

图 2-42　偏置点与一次和二次谐波分量的关系

2.4.3　QPSK 差分编码

QPSK 信号在进行相干解调时，提取载波需利用四次方环或科斯塔斯环，而这两种方

法都会存在相位模糊的问题，从而造成误码。而采用差分四相移相键控（differential quadrature reference phase shift keying，DQPSK）可解决此问题。

差分四相移键控是利用本码元初相与前一码元初相之差来传送数字信息，因此差分相移键控不依赖于某一固定的载波相位参考值。若确保前后码元之间的相对相位关系没有被破坏，则通过这个相对相位关系就能正确地恢复数字信息。

DQPSK 与 QPSK 的差别在于，DQPSK 首先对原始数据进行差分编码，将所需传输的信息编码置于连续的光比特差分相位中。同时，相干接收机探测的是相位改变的相对值，因此接收无需采用同步的方式。

差分编码的原理是利用前一比特的载波相位 ψ_{n-1} 与当前比特的载波相位 ψ_n 之间的相位差 $\Delta\psi$ 来传递当前比特，其中 $\Delta\psi=\psi_n-\psi_{n-1}$。在 DQPSK 调制差分编码中，差分编码的当前编码输出与之前的输出以及当前输入码元比特有关。

差分四相相移键控是将信息编码于连续比特的差分相位 $\Delta\psi$ 中，$\Delta\psi$ 取 $[0，\pi/2，3\pi/2，\pi]$ 中的其中一个值。若 $Ae^{j\psi_n}$ 为第 n 个脉冲的复振幅（其中 A 为第 n 个脉冲的幅度且为一个实常数，第 n 个脉冲的相位为 ψ_n），则第 $n+1$ 个脉冲的相位为第 n 个脉冲的相位 ψ_n 和相位差 $\Delta\psi$ 之和。若信号比特为 $\{0，0\}$，$\Delta\psi$ 取值为 0，则 $\psi_{n+1}=\psi_n$；若信号比特为 $\{0，1\}$，$\Delta\psi$ 取值为 $\pi/2$，则 $\psi_{n+1}=\psi_n+\pi/2$；若信号比特为 $\{1，1\}$，$\Delta\psi$ 取值为 π，$\psi_{n+1}=\psi_n+\pi$；若信号比特为 $\{1，0\}$，则 $\Delta\psi$ 取值为 $3\pi/2$，$\psi_{n+1}=\psi_n+3\pi/2$。发射的信号可表示为

$$x(t)=A\cos[2\pi f_c t+\theta(k)]，kT\leqslant t\leqslant(k+1)T \qquad (2-130)$$

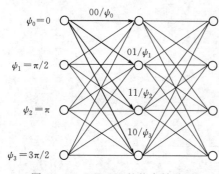

$$\theta(k)-\theta(k-1)=\begin{cases}\pi & I(k)，Q(k)=00\\3\pi/2 & I(k)，Q(k)=10\\0 & I(k)，Q(k)=11\\\pi/2 & I(k)，Q(k)=01\end{cases}$$

$$(2-131)$$

DQPSK 的状态转移图如图 2-43 所示。

DQPSK 调制的原理框图如图 2-44 所示。

差分编码的输出 $I(k)$、$Q(k)$ 是与输入 $X(k)$、$Y(k)$ 以及 $I(k-1)$、$Q(k-1)$ 相关的函数。$I(k)$、$Q(k)$ 与星座图的映射关系如图 2-45 所示。

图 2-43　DQPSK 的状态转移图

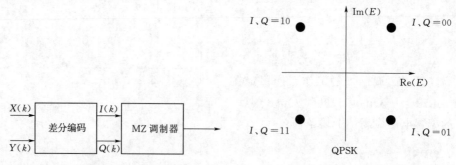

图 2-44　DQPSK 调制的原理框图　　图 2-45　$I(k)$、$Q(k)$ 与星座图的映射关系

差分编码器的输入输出关系见表2-8。

表 2-8 　　　　　　　　　　　　**差分编码器的输入输出关系**

$X(k)$	$Y(k)$	$I(k-1)$	$Q(k-1)$	$\theta(k-1)$	$I(k)$	$Q(k)$	$\theta(k)$	Δk
0	0	0	0	45	1	1	225	180
0	0	0	1	315	1	0	135	180
0	0	1	0	135	0	1	315	180
0	0	1	1	225	0	0	45	180
0	1	0	0	45	1	0	135	90
0	1	0	1	315	0	0	45	90
0	1	1	0	135	1	1	225	90
0	1	1	1	225	0	1	315	90
1	0	0	0	45	0	1	315	270
1	0	0	1	315	1	0	255	270
1	0	1	0	135	0	0	45	270
1	0	1	1	225	0	0	135	270
1	1	0	0	45	0	0	45	0
1	1	0	1	315	0	1	315	0
1	1	1	0	135	1	0	135	0
1	1	1	1	225	1	1	225	0

由此得到差分编码的公式

$$I(k) = \overline{X(k)}\ \overline{Y(k)}\ \overline{I(k-1)} + \overline{X(k)}\ Y(k)\overline{Q(k-1)}$$
$$+ X(k)Y(k)I(k-1) + X(k)\overline{Y(k)}Q(k-1) \tag{2-132}$$
$$Q(k) = \overline{X(k)}\ \overline{Y(k)}\ \overline{Q(K-1)} + \overline{X(k)}Y(k)Q(k)$$
$$+ X(k)Y(k)Q(k-1) + X(k)\overline{Y(k)}\ \overline{Q(k-1)} \tag{2-133}$$

将式（2-132）变形为

$$I(k) = \overline{X(k)}\ \overline{I(k-1)}\ \overline{Q(k-1)} + Y(k)\overline{I(k-1)}Q(k-1)$$
$$+ X(k)I(k-1)Q(k-1) + Y(k)Q(k-1)I(k-1) \tag{2-134}$$
$$Q(k) = \overline{Y(k)}\ \overline{Q(K-1)}\ \overline{Q(k-1)} + X(k)\overline{I(k-1)}Q(k-1)$$
$$+ Y(k)I(k-1)Q(k-1) + \overline{X(k)}I(k-1)\overline{Q(k-1)} \tag{2-135}$$

根据式（2-134）和式（2-135）得到的差分编码器真值见表2-9。

表 2-9 　　　　　　　　　　　**差分编码器的真值**

$X(k)$	$Y(k)$	$I(k)$	$Q(k)$
0	0	$\overline{I(k-1)}$	$\overline{Q(k-1)}$
0	1	$\overline{Q(k-1)}$	$I(k-1)$
1	0	$Q(k-1)$	$\overline{I(k-1)}$
1	1	$I(k-1)$	$Q(k-1)$

2.4.4 偏振复用正交相移键控 (PM‑QPSK)

在椭圆单模光纤中有 $HE_{11}x$ 和 $HE_{11}y$ 两个矢量模。光的偏振复用示意图如图 2‑46

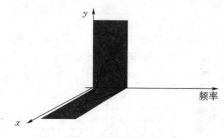

图 2‑46 光的偏振复用示意图

所示。其中，$HE_{11}x$ 模的 x 分量占主导，其 y 分量和 z 分量都非常小，$HE_{11}y$ 模与 $HE_{11}x$ 类似，即 $HE_{11}y$ 模几乎为 y 方向的线极化模。$HE_{11}x$ 模与 $HE_{11}y$ 模相互正交且独立，从而可通过这两个模独立地传输信息，对于其他形状的对称或应力对称的光波导也有相同的结论。

PM‑QPSK 的结构图如图 2‑47 所示。从图 2‑47 中可以看出，PM‑QPSK 通过将信息数据分成四路数字信号，并分别同时对四个 MZ 调制器进行调制；即 PM‑QPSK 在 QPSK 调制的基础上，其速率又降低了一半。

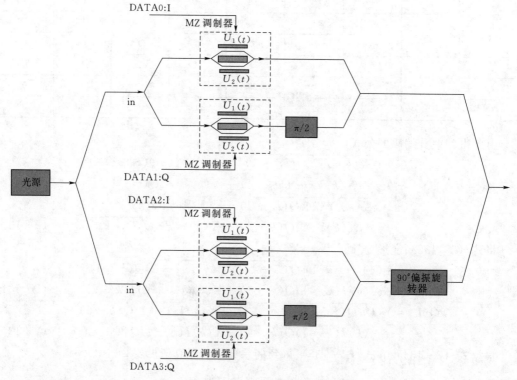

图 2‑47 PM‑QPSK 的结构图

2.4.5 相干接收技术

经传输后的输入光信号首先经过偏振分束器，再与本振激光器进行混频，$90°$ 混频器输出一个偏振态的 I、Q 两路信号，I 对应该偏振态光场的实部，Q 对应该偏振态光场的虚部。然后经 PIN 管接收完成光电转换，再由模数转换得到对应的数字信号。数字信号通过 DSP 抑制和消除非线性相位噪声，完成 CD 以及 PMD 的均衡补偿、符号相位重构和数据恢复。经解调恢复的电信号不同于普通的检测只保留了光功率信息，它完整地保留了光信号的偏振态、相位等信息。

相干光接收机内部结构图如图 2-48 所示，从功能上分，它由保偏分束器（polarization beam splitter，PBS）、90°光混频器和平衡接收机 3 个主要部分组成。

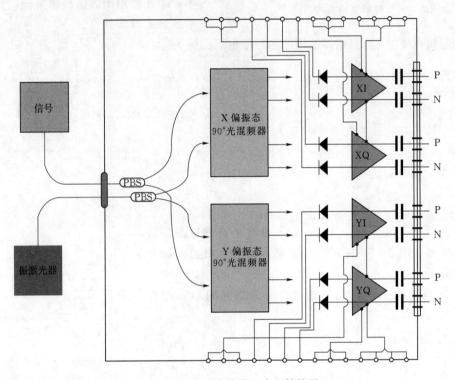

图 2-48　相干光接收机内部结构图

PM-QPSK 信号经过光纤信道可表示为

$$E_R(t) = \begin{pmatrix} E_{QPSK,x} \\ E_{QPSK,y} \end{pmatrix} = h(t) \otimes E_s + \begin{bmatrix} n_0(t) \\ n_0(t) \end{bmatrix} \qquad (2-136)$$

式中　$h(t)$——光纤信道的冲击响应；

$n_0(t)$——单偏振态上的加性高斯白噪声。

为了简便分析，可将接收端的输入信号简化为

$$E_R(t) = \begin{pmatrix} E_{QPSK,x} \\ E_{QPSK,y} \end{pmatrix} = \begin{Bmatrix} A_x(t)\exp(j2\pi f_0 t)\exp[j\phi_{r,x}(t)] \\ A_y(t)\exp(j2\pi f_0 t)\exp[j\phi_{r,y}(t)] \end{Bmatrix} \qquad (2-137)$$

式中　$A_x(t)$、$A_y(t)$——接收光信号 X 偏振态和 Y 偏振态上信号的电场幅度；

f_0——发送端的激光器输出频率；

$\phi_{r,x}$、$\phi_{r,y}$——X 偏振态和 Y 偏振态上信号的相位，但该相位信息同时携带了原信号的调制相位和经光纤传输引入的相位损伤。

90°光混频器的结构如图 2-49 所示，它由 1 个 90°相位延迟器和 4 个 3dB 耦合器组成。

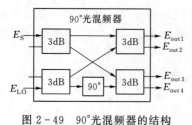

图 2-49　90°光混频器的结构

对于 X 偏振态，90°光混频器的 2 路输入信号分别为 $E_{\text{QPSK},x}$ 和 $E_{\text{LO}}/\sqrt{2}$，本振光源的电场分量为

$$E_{\text{LO}} = \sqrt{P_{\text{LO}}} \exp\{j[2\pi f_{\text{LO}} t + \phi_{\text{LO}}(t)]\}$$

式中　P_{LO}——本振激光器的发射功率；

f_{LO}——本振激光器输出的信号频率；

$\phi_{\text{LO}}(t)$——本振激光器的相位。

理想情况下 90°光混频器输出的光信号电场分量为

$$
\begin{bmatrix} E_1 \\ E_2 \\ E_3 \\ E_4 \end{bmatrix} = \frac{1}{\sqrt{2}} \begin{bmatrix} 1 & 1 \\ 1 & -1 \\ 1 & j \\ 1 & -j \end{bmatrix} \begin{pmatrix} E_{\text{QPSK},x} \\ \dfrac{1}{\sqrt{2}} E_{\text{LO}} \end{pmatrix} = \frac{1}{\sqrt{2}} \begin{bmatrix} E_{\text{QPSK},x} + \dfrac{1}{\sqrt{2}} E_{\text{LO}} \\[2mm] E_{\text{QPSK},x} - \dfrac{1}{\sqrt{2}} E_{\text{LO}} \\[2mm] E_{\text{QPSK},x} + \dfrac{j}{\sqrt{2}} E_{\text{LO}} \\[2mm] E_{\text{QPSK},x} - \dfrac{j}{\sqrt{2}} E_{\text{LO}} \end{bmatrix}
\tag{2-138}
$$

然后对 E_1、E_2、E_3 和 E_4 信号进行平衡光检测，其接收结构框图如图 2-50 所示。可得到光检测电流的同相分量和正交分量。

以 X 偏振态为例，经平衡光检测得到的同相和正交分量为

$$XI = R\sqrt{2P_{\text{LO}}} A_x(t) \cos[2\pi(f_0 - f_{\text{LO}})t + \theta_{\text{r},x}(t) - \phi_{\text{LO}}(t)] \tag{2-139}$$

$$XQ = R\sqrt{2P_{\text{LO}}} A_x(t) \sin[2\pi(f_0 - f_{\text{LO}})t + \theta_{\text{r},x}(t) - \phi_{\text{LO}}(t)] \tag{2-140}$$

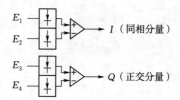

图 2-50　平衡光检测
接收结构框图

其中，R 为 PIN 管的响应度。由式（2-139）和式（2-140）可以看出，经过相干检测平衡接收，光信号中携带的幅度和相位信息完整地保留到了电信号中。

同理可得到 Y 偏振态的同相分量和正交分量为

$$YI = R \cdot \sqrt{2P_{\text{LO}}} \cdot A_y(t) \cos[2\pi(f_0 - f_{\text{LO}})t + \theta_{\text{r},y}(t) - \phi_{\text{LO}}(t)] \tag{2-141}$$

$$YQ = R \cdot \sqrt{2P_{\text{LO}}} \cdot A_y(t) \sin[2\pi(f_0 - f_{\text{LO}})t + \theta_{\text{r},y}(t) - \phi_{\text{LO}}(t)] \tag{2-142}$$

最后，X 和 Y 偏振态的 I、Q 支路经过 2 倍符号速率的高速采样，经采样后的信号输出为

$$X_{\text{I}}(n) = R\sqrt{2P_{\text{LO}}} \cdot A_x \cdot \cos[2\pi(f_0 - f_{\text{LO}})n + \theta_{\text{r},x}(n) - \phi_{\text{LO}}(n)] \tag{2-143}$$

$$X_{\text{Q}}(n) = R\sqrt{2P_{\text{LO}}} \cdot A_x \cdot \sin[2\pi(f_0 - f_{\text{LO}})n + \theta_{\text{r},x}(n) - \phi_{\text{LO}}(n)] \tag{2-144}$$

$$Y_{\text{I}}(n) = R\sqrt{2P_{\text{LO}}} \cdot A_y \cdot \cos[2\pi(f_0 - f_{\text{LO}})n + \theta_{\text{r},y}(n) - \phi_{\text{LO}}(n)] \tag{2-145}$$

$$Y_Q(n) = R\sqrt{2P_{LO}} \cdot A_y \cdot \sin[2\pi(f_0 - f_{LO})n + \theta_{r,y}(n) - \phi_{LO}(n)] \quad (2-146)$$

其中，$n=1$，2，3，$\cdots$，$2N$，N 表示信号序列的长度。

2.5　非线性抑制技术

非线性效应对光信号在传输介质中传输的影响是个十分复杂的过程，目前这方面的科学研究还处于一个初步的阶段，但是目前在非线性抑制技术这一方面也产生了不少的技术方案，总结如下：

（1）中继器抑制：光信号在传输一定距离后加入电中继或光中继将变形后的信号重新整形至原始输入状态，这样可以有效消除非线性效应、色散等对信号传输的影响。而电中继由于成本高、实用性不强等因素的影响，近年来，利用全光 3R 再生技术的呼声也是高涨，这方面的技术也在研发当中。

（2）采用合适的信号功率：非线性效应和光信号功率有着直接的关系，光信号功率越大，非线性效应越明显。可以降低信号功率来减少非线性，但是降低功率会影响系统的OSNR，因此需要找到一个合适的功率来满足降低非线性效应和系统 OSNR 的要求。采用分布式拉曼放大器也可以优化信号功率在传输过程中的分布。

（3）采用低非线性系数的光纤：低非线性系数的光纤可以直接从传输介质上就对非线性效应进行降低，目前国内外在这方面的研究已经取得了一定进展，如 LEAF 光纤等。但是重新铺设光纤的成本过于高昂。

（4）改进信号的调制格式或编码方式：不同的调制格式对降低光传输系统的非线性效应有着不一样的影响。例如在强度调制码中非归零（non return zero，NRZ）码的非线性容忍度一般而言低于归零（return zero，RZ）码。目前开放出的一种新型调制方式—相位调制，在超长距传输中对非线性效应的缓解非常有效。

（5）优化色散图：色散图（dispersion map）是累积色散沿着传输链路的分布曲线。可以采用色散管理来优化色散图，这种方法不仅可以降低非线性效应还可以降低色散对光信号传输系统的影响。

（6）采用预啁啾技术：非线性效应的相移本质上为啁啾效应，采用预啁啾技术在光纤非线性抑制上也许能够取得良好的效果。一般相位调制器（phase modulator，PM）可以实现预啁啾。

（7）采用光学相位共轭（optical phase conjugation，OPC）技术：研究发现，光信号在传输介质中传输相应距离后（链路的中点附近），采用信号光的相位共轭光替换原来的光信号并传输完剩余的链路，在改善非线性效应上有着非常显著的作用。相位共轭器可以产生相位共轭光。OPC 不仅能抑制非线性效应，而且对于部分色散的补偿作用也比较好，比如偶数阶的色散、群速度色散等。

（8）其他方法：目前还有一些有效方法可以减少非线性效应，例如：光传送网（optical transport network，OTN）传输系统中使波长间距不等以及进行偏振复用等方法，目前这类方法的兼容性不太好，还可以通过采用高阶的编码方式，但目前这些技术还在进一步的研究和优化中。

2.6　前　向　纠　错　技　术

2.6.1　信道编码原理

2.6.1.1　差错控制概述

数字通信要求无误码传输，由如信道线性畸变等带来的乘性干扰引起的码间干扰，通常可以通过均衡的办法纠正，但像热噪声和散弹噪声等加性干扰则需要通过其他途径来解决。信道编码也可称为差错控制编码，包含了各种形式的纠错码和检错码，统称为纠错编码。其基本思想是通过对信息序列做某种变换，使原来彼此独立、相关性极小的信息码元产生某种关联性，在收端利用这种规律性来检查或纠正信息码元在信道传输中所造成的差错

1948 年，香农（Shannon）提出了具有里程碑意义的信道编码定理和信源编码定理。香农信道编码定理表述如下：每个离散无记忆信道都有一个非负数 C（信道容量）与之相联系，且具有对任意给定的 $\varepsilon>0$ 和 $R>C$，总存在码率为 R 的码字和解码算法使得解码错误概率小于 ε 的特性。大于信道容量的码率不可能实现无差错通信。除此之外，香农还给出了在加性高斯白噪声下的信道容量，即

$$C = W\log_2\left[1 + \frac{P_s}{WN_0}\right] \tag{2-147}$$

式中　C——信道容量；

$\quad\quad P_s$——信号功率；

$\quad\quad W$——信道带宽；

$\quad\quad N_0$——高斯白噪声的单边功率谱密度；

$\quad\quad \dfrac{P_s}{WN_0}$——信噪比，即 SNR。

当 C 一定时，C 所对应的 SNR 就是香农限。香农限是实现无差错传输所需要的最低门限信噪比，其值越小越能实现无差错传输。

若要达到一定的误码率要求，可以通过如下方法来实现：增加信道容量 C、减少码率 R、增加码长。但是对于如何寻找或构造出满足定理的编码，香农并没有提出具体的构造方法。研究纠错编码的意义在于：在一定传输码率的条件下，通过编译码来降低误码率，实现可靠有效的传输性能。在码率不变的情况下，信道带宽 W 必然会增加。因此，纠错编码技术比较适用于功率受限而带宽不太受限的系统中。而光传输系统刚好满足这个要求，这就从理论上证明了光传输系统应该采用纠错编码技术。

通常在设计通信系统的时候，首先会从调制方式和发送光功率等方面考虑，如果采取了上述措施仍无法满足要求，就要考虑采用差错控制技术了。

根据加性干扰引起的误码分布规律不同，信道一般可以分为随机信道、突发信道和混合信道三类。随机信道是指存在相互独立的、不相关的随机差错的信道，如恒参白噪声信道；突发信道中的错码是成串出现，且错误与错误之间有相关性，往往一个差错会影响到

后面一串码字，如散射信道；混合信道就是既存在随机差错又存在突发差错，且哪一种差错都不能忽略的信道，如短波信道。

常用的差错控制方法有四种，即自动请求重传（automatic repeat request，ARQ）方式、前向纠错（for ward error correction，FEC）方式、混合纠错（hybrid error correction，HEC）方式、信息重发请求（information repeat request，IRQ）方式。

1. 自动请求重传方式

自动请求重传机制示意图如图 2-51 所示，发送端按照一定的编码对码元加入一定具有检错能力的监督码元；接收端根据编码规则将接收到的信息进行判决，一旦检测出错码，则通过反

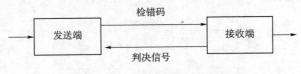

图 2-51 自动请求重传机制示意图

馈信道向发送端发出请求重发信号；发送端通过接收到的重发信号将出错的那部分信息再次传送，直到接收到正确的信息为止。

ARQ 方式中，检错码的检错能力要优于纠错码的纠错能力，因此只需要少量的附加码元（一般占总码元的 5%～20%）就可以获得较低的输出误码率。另外检错能力的高低不取决于信道干扰的变化，因此具有一定的自适应能力，且检错译码实现简单，成本低，易实现。但 ARQ 方式的使用存在局限性，ARQ 应用过程中需要反馈信道，不能应用于单向传输系统中，也不能用于一发多收系统中。且当信道干扰较大时，整个系统可能会处于重发循环过程中，导致通信效率的降低，甚至不能正常通信，不适合应用于实时性要求比较高的系统中。

2. 前向纠错方式

前向纠错机制示意图如图 2-52 所示，发送端对信息码元按照一定的规则产生监督码元，与信息码元一起形成具有纠错能力的码字；接收端对接收到的码字按规定的规则译码，对检测到错误的码组先确定其位置并纠正。

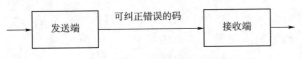

图 2-52 前向纠错机制示意图

纠错过程在接收端进行，不需要反馈差错信息，能应用于单向信道，且译码延时固定，可实时传输信息。但其译码纠错比较复杂，且选择的检错码必须与信道的差错统计特性相一致。另外，要纠正更多的错误，就要附加更多的监督元，传输效率较低。最关键的还在于，前向纠错的纠错能力有限，即当差错数超过纠错能力，接收端错译时，而接收端却没有意识到错译的发生，接受者可能会将误判了的码认为是纠错后的正确码，这样就无法保证信息的正确传送。对可靠性要求比较高的数据通信，一般不采用 FEC；而对于实时性要求比较高而容错能力强的语音通信基本上采用 FEC。

3. 混合纠错方式

混合纠错机制示意图如图 2-53 所示，混合纠错方式是前向纠错和反馈信息重发的结合。少量错码在接收端能够自动纠正，即前向纠错法；当差错严重或超出自行纠错的能力时，通过反馈信道向发送端发出信号请求重发。

HEC 的实时性和复杂性介于 ARQ 和 FEC 之间，在卫星通信和移动通信中得到了广泛的应用。

4. 信息重发请求方式

信息重发请求机制示意图如图 2-54 所示，接收端将收到的数据原封不动地通过反馈信道发送回发送端，发送端将发送数据与反馈回来的数据比较，判断是否有错。如果有错，就将传错的信息再发送一次，如此往复，直到对方正确接收到正确的消息为止。

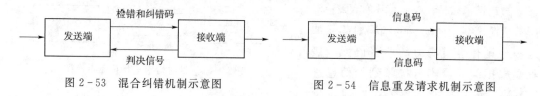

图 2-53　混合纠错机制示意图　　　　图 2-54　信息重发请求机制示意图

以上四种差错控制方式除了 IRQ 外，其他的三种都是在接收端判决误码。信息码元是一种随机的序列，接收端无法预知和识别其中有无误码。为了解决这个问题，可以通过发送端信道编码器在信息码元序列中加入一些与信息码元存在一定关系的监督码元，再在接收端利用这种关系，通过信道译码器发现并纠正可能存在的误码。

FEC 系统中的发送端发送可纠正错误的码，接收端对收到的码组通过译码就能自动发现并纠正错误。FEC 纠错能力取决于编码方式，因此选择合适的编码方式十分重要。

2.6.1.2　差错控制编码分类

在上述差错控制系统中可以使用各种不同形式的编码方式，差错控制编码根据编码依据不同，分类如下：

(1) 按照信息码元与监督码元间的检验关系是线性或非线性，分为线性码和非线性码。

(2) 按照信息码元和监督码元之间的关系的不同，分为分组码和卷积码。在分组码中，每 n 位一组，其中 k 个信息码元，$r=n-k$ 个附加监督码元，且监督码元只与本码组的信息码元有关；而在卷积码中，和分组码一样也划分为码组，但是监督码元不但与本码组的信息码元有关，而且还与前面若干码组的信息码元也有约束关系。

(3) 按照信息码编码前后形式是否一致，分为系统码和非系统码。

2.6.1.3　编码的性能指标

在光纤通信系统中评估某种 FEC 编码性能的主要参数是该码型的净编码增益（net coding gain，NCG）。该参数考虑的是克服带外 FEC 系统工作在高线路码率下所引入的噪声代价后，线路编码所能为系统提供的改善量。编码增益是指在某一指定的误码率下，线路进行编码和非编码情况下接收机输入光功率的差异。通常，由于带外 FEC 会使信号携带的能量降低，同时接收机带宽的增加也会引入额外的噪声，因此必须要用 NCG 来精确评估 FEC 的性能。NCG 为编码增益情况下获得的 Q 值与比特率增加引起的 Q 值损伤的差值。其中 Q 值由接收机判决电路和输入确定，可表示为

$$Q = \frac{\mu_1 - \mu_0}{\sigma_1 + \sigma_0} \qquad (2-148)$$

式中 μ_0、μ_1——0、1 时信号电压的均值；

σ_0、σ_1——0、1 时信号噪声分布的均方差。

对于（n，k）码而言，线路码率的增加带来的 Q 值代价可表示为

$$\Delta Q = \sqrt{\frac{n}{k}} \tag{2-149}$$

因此，（n，k）码的净电编码增益可以表示为

$$NCG = 20\ln\left(\frac{Q_{uc}}{Q_{ec}}\sqrt{\frac{k}{n}}\right) = 20\ln Q_{uc} - 20\ln Q_{ec} - 10\ln\frac{n}{k} \tag{2-150}$$

式中 Q_{uc}——未编码时的 Q 值；

Q_{ec}——编码后的 Q 值。

Q 值与线路误比特率 P_e 的关系为

$$P_e = \frac{1}{2}erfc\left(\frac{Q}{\sqrt{2}}\right) = erfc(Q) = \frac{1}{\sqrt{2\pi}}\int_Q^{+\infty} e^{-x^2/2}dx \tag{2-151}$$

纠错编码 C 的码率 R 是信息比特和总传输比特之比，即

$$R = k/n \tag{2-152}$$

码率为 R 的编码具有冗余度（redundancy），即

$$\rho = 1 - R \tag{2-153}$$

开销（overload）为

$$\omega = (1-R)/R \tag{2-154}$$

开销通常用百分数表示。例如对于（n，k）的分组码，有

$$R = k/n$$
$$\rho = (n-k)/n \tag{2-155}$$
$$\omega = (n-k)/k$$

2.6.2 常用的 FEC 编码类型

在光纤通信系统中，常用的 FEC 编码类型有汉明码、BCH 码、RS 码和卷积码等一系列码型。在了解这些码型之前首先区分冗余度与码率两个概念，前者指编码冗余，即校验位长度与编码前的信息长度之比，而后者是指编码前的信息长度与编码后的长度之比。

2.6.2.1 汉明码

汉明码是纠错编码史上出现最早的纠错码，它可以纠正单个随机错误，不仅性能好，而且编译码电路简单，易于工程实现，因而最早被用于研究 FEC 在光传输系统中的应用。对于任意正整数 $m \geq 3$，存在具有下列参数的汉明码：

码长：$n = 2^m - 1$；

信息元长度：$k = 2^m - m - 1$；

校验元长度：$n - k = m$；

码的最小距离：$d = 3$；

码率：$r = k/n$。

显然当 $n \to \infty$ 时 $r \to 1$，因而汉明码是纠单个错误的高效码。

2.6.2.2　BCH 码

BCH 码是一类可以纠正多个随机错误的循环码，在短或中等码长下，其纠错性能接近于理论值，并且 BCH 码构造方便，编码简单，译码也较容易，其设备虽比汉明码复杂，但在集成电路技术发展迅速的今天，也比较容易实现。

1. BCH 码性能

对于任一给定的正整数 m 和 t（$t < 2^{m-1}$），存在一个具有下列参数的 BCH 码：

码长：$n \leqslant 2^m - 1$；

校验元长度：$n - k \leqslant mt$；

码的最小距离：$d \geqslant 2t + 1$；

码率：$r = k/n$。

这样的 BCH 码最多可纠 t 个随机错误。

2. BCH 码的生成多项式

它的生成多项式是由若干 m 阶或者以 m 的因子为最高阶的多项式相乘而构成的，用 $g(x)$ 来表示。

要确定（$2^m - 1$，k）循环码是否存在，只需要判断 $2^m - 1 - k$ 阶的生成多项式是否能由 $x^{2^{m-1}} + 1$ 的因子构成。由代数理论可知，每个 m 阶既约多项式一定能除尽 $x^{2^{m-1}} + 1$。例如当 $m = 5$ 时，有 6 个 5 阶既约多项式，即

$$\begin{cases} x^5 + x^2 + 1 \\ x^5 + x^4 + x^3 + x^2 + 1 \\ x^5 + x^4 + x^2 + x^1 + 1 \\ x^5 + x^3 + 1 \\ x^5 + x^3 + x^2 + x^1 + 1 \\ x^5 + x^4 + x^3 + x^1 + 1 \end{cases} \tag{2-156}$$

这 6 个多项式都能除尽 $x^{2^{m-1}} + 1 = x^{31} + 1$。此外 $x + 1$ 必定是 $x^{31} + 1$ 的因子。因此有

$$x^{31} + 1 = (x+1)(x^5 + x^2 + 1)(x^5 + x^4 + x^3 + x^2 + 1)(x^5 + x^4 + x^2 + x^1 + 1)$$
$$(x^5 + x^3 + 1)(x^5 + x^3 + x^2 + x^1 + 1)(x^5 + x^4 + x^3 + x^1 + 1) \tag{2-157}$$

若循环码的生成多项式为

$$g(x) = LCM[m_1(x), m_3(x), \cdots, m_{2t-1}(x)] \tag{2-158}$$

式中　t——纠错个数；

$m_i(x)$——最小多项式；

LCM 表示取最小公倍式。

则由此生成的循环码就称为 BCH 码，其最小码距 $d \geqslant 2t + 1$，能纠正 t 个错误。BCH 码的码长为 $n = 2^m - 1$ 或者是 $2^m - 1$ 的因子。码长为 $n = 2^m - 1$ 的 BCH 码称为本原 BCH 码，又称狭义 BCH 码。码长为 $2^m - 1$ 因子的 BCH 码称为非本原 BCH 码。由于 $g(x)$ 有 t 个因式，且每个因式的最高阶次为 m，因此监督码元的最多位为 mt 位。

以上可以总结生成多项式具有如下特点：$g(x)$ 的幂次为 $n - k$；$g(x) \mid x^n + 1$［即 $g(x)$ 可以除尽 $x^n + 1$］。

由生成多项式 $g(x)$，可以表示出生成矩阵

$$\begin{bmatrix} x^{n-1} & \mathrm{mod} & g(x) \\ & \vdots & \\ x^{n-k+1} & \mathrm{mod} & g(x) \\ x^{n-k} & \mathrm{mod} & g(x) \end{bmatrix} \tag{2-159}$$

3. 校验多项式

多项式 $h(x)$ 称为校验多项式，它与校验矩阵关联。生成多项式与校验多项式的联系为

$$g(x)h(x) = x^n + 1 \tag{2-160}$$

因此校验多项式可以由生成多项式计算出来。如果 $h(x)$ 表示为 $h(x) = h_0 + h_1 x + \cdots + h_k x^k$，则校验矩阵可以写成

$$H = \begin{bmatrix} h_0 & h_1 & \cdots & \cdots & h_k & 0 & 0 & 0 & 0 \\ 0 & h_0 & h_1 & \cdots & \cdots & h_k & 0 & 0 & 0 \\ 0 & 0 & h_0 & h_1 & \cdots & \cdots & k_k & 0 & 0 \\ 0 & 0 & 0 & 0 & \ddots & \ddots & \ddots & \ddots & \vdots \\ 0 & 0 & 0 & 0 & \cdots & \cdots & \cdots & \cdots & h_k \end{bmatrix} \tag{2-161}$$

4. BCH 码的译码

BCH 码的译码方法可以有时域译码和频域译码两种。频域译码是把每个码组看成一个数字信号，把接收到的信号进行离散傅立叶变换，然后利用数字信号处理技术在"频域"内译码，最后进行傅立叶反变换得到译码后的码组。时域译码则是在时域上直接利用码组的代数结构进行译码。时域的译码方法很多并且纠正多个错误的 BCH 译码算法比较复杂，有彼得森算法、迭代算法等。

$(2^m - 1, k)$ BCH 码的监督矩阵是由所有非 0 的 m 位码组组成。例如 (15, 11) BCH 码，生成多项式为 $g(x) = x^4 + x + 1$，它的监督矩阵为

$$H = \begin{bmatrix} 1 & 1 & 1 & 1 & 0 & 1 & 0 & 1 & 1 & 0 & 0 & 1 & 0 & 0 & 0 \\ 0 & 1 & 1 & 1 & 1 & 0 & 1 & 0 & 1 & 1 & 0 & 0 & 1 & 0 & 0 \\ 0 & 0 & 1 & 1 & 1 & 1 & 0 & 1 & 0 & 1 & 1 & 0 & 0 & 1 & 0 \\ 1 & 1 & 1 & 0 & 1 & 0 & 1 & 1 & 0 & 0 & 1 & 0 & 0 & 0 & 1 \end{bmatrix} \tag{2-162}$$

发生单个错误时，校正子 EH^T 就等于监督矩阵中相应的错误位置的那一列。因此可以把监督矩阵的这些列作为错误位置数。把式（2-162）记作

$$H = (a^{14} \quad a^3 \quad a^2 \quad \cdots \quad a^2 \quad a^1 \quad a^0) \tag{2-163}$$

这里 a^i 表示第 i 个错误位置数。例如 $a^{14} = (1 \quad 0 \quad 0 \quad 1)^\mathrm{T}$。代数理论指出，$a$ 是由 2^m 个元素组成的有限域 $GF(2^m)$ 中的一个元素。$a^n = 1$，$a^0 = 1, a, a^2, \cdots, a^{n-1}$ 必定是 $x^n + 1 = 0$ 的根，即 $x^n + 1$ 在 $GF(2^m)$ 上完全可分解为一次因式乘积，于是

$$x^n + 1 = (x+1) \cdot (x+a) \cdot (x+a^2) \cdots (x+a^{n-1}) = g(x) \cdot h(x) \tag{2-164}$$

n 个元素集合 $(1, a, a^2, \cdots, a^{n-1})$ 实际上组成了一个乘法运算下的有限循环群 $G(a)$，a 称为 $G(a)$ 的生成元，由它能生成 $G(a)$ 中所有的元素，$G(a)$ 中元素个数为 n，称为元素 a 的级。可以证明，a 的级 n 必为 $2^m - 1$ 的因子。当 $n = 2^m - 1$ 时，a 称为本

原域元素，简称本原元。以本原元为根的最低次多项式就是本原多项式。BCH 码的生成多项式就是本原多项式。

a^i 是有限域元素，可以进行加法和乘法运算。加法运算就是对 2 取模加和，乘法运算就是指数相加，以 $n = 2^m - 1$ 为模。即

$$a^i \cdot a^j = a^{(i+j) \bmod (2^m - 1)} \tag{2-165}$$

2.6.2.3　RS 码

RS 码（reed‐solomon code）是一类有很强纠错能力的多进制 BCH 码，而一般的 BCH 码指二进制 BCH 码。RS 码既能纠正多个随机错误，又能纠正突发错误，且是极大最小距离可分码，即在相同的码率下，纠错能力最强，并能实现高速编译码。综合编码复杂度和成本代价两个因素，RS 码是光传输系统中最适宜采用的纠错码型。RS（255，239）编码已成为 ITU‐T G.975 的标准码型。

1. RS 码的原理

RS 码的定义：它的码字组成部分等于某个多项式的值。事实上，这正是最初 Reed 和 Solomon 在［RS60］中定义 RS 码的方法。RM 码、有限几何码和 RS 码，都是一大类码的成员——多项式码，它与代数几何码有密切的联系。在海底光通信系统中，RS 码以其较强的纠错能力，成为 ITU‐T G.975 标准推荐采用的 FEC 码型。以系统 $RS(n, k)$ 码为例，说明其编译码原理。所谓系统码，指信息组以不变的形式在码字的任意 k 位中出现的码。这里的系统码指码字左边 k 位是信息位，其后的 $n-k$ 位为校验位。

2. RS 码的编码原理

设信息码序列为 $\{m_i\}$（$i = 0, 1, 2, \cdots, k-1$），可用多项式表示为

$$m(x) = m_{k-1}x^{k-1} + m_{k-2}x^{k-2} + \cdots + m_0 \tag{2-166}$$

构造系统 $RS(n, k)$ 码时，首先将信息组多项式 $m(x)$ 乘以 x^{n-k} 成为 $x^{n-k}m(x)$，然后用其对应的生成多项式 $g(x)$ 除 $x^{n-k}m(x)$ 得到余式 $r(x)$，再对 $r(x)$ 取加法逆元，就得到了校验位。这样产生的码字可表示为

$$C(x) = m_{k-1}x^{n-1} + m_{k-2}x^{n-2} + \cdots + m_0x^{n-k} + r_{n-k-1}x^{n-k-1} + \cdots + r_0 \tag{2-167}$$

因此，只要用移位寄存器与除法器就可构造出系统 RS 码，可见 RS 码的构造及其简单，这也是其得到广泛应用的原因之一。

3. RS 码的译码原理

设发送的 RS 码字 C 对应的多项式为

$$C(x) = c_{n-1}x^{n-1} + c_{n-2}x^{n-2} + \cdots + c_0 \tag{2-168}$$

信道产生的错误图样是 E，它的多项式表示是

$$E(x) = e_{n-1}x^{n-1} + e_{n-2}x^{n-2} + \cdots + e_0 \tag{2-169}$$

译码器接收到的码字多项式为

$$R(x) = C(x) + E(x) = a_{n-1}x^{n-1} + a_{n-2}x^{n-2} + \cdots + a_{n-k}x^{n-k} + a_{n-k-1}x^{n-k-1} + \cdots + a_0 \tag{2-170}$$

$$a_i = c_i + e_i$$

译码器的主要任务就是从 $R(x)$ 中得到正确的估计图样 $\hat{E}(x) = E(x)$，然后得到

$C(x)$，并由此得到信息序列 $m(x)$。

RS 码译码时分三步：首先由接收多项式 $R(x)$ 计算伴随式 $S(x)$；其次由 $S(x)$ 找出估计错误图样 $\hat{E}(x)$；最后计算 $R(x)-\hat{E}(x)=\hat{C}(x)$，得到译码器输出的估计码字 $\hat{C}$，并送出译码器。若 $\hat{C}=C$ 则译码正确，否则译码错误。其中，第一步中伴随式矩阵 S 与接收码字向量 R 满足 $S=R \cdot H^{T}$，H 是对应 $RS(n,k)$ 码的校验矩阵。译码的关键是第二步，常用迭代算法或钱搜索由 S 得到错误位置及错误值，确定 $\hat{E}(x)$，从而实现译码及纠错。

2.6.2.4　卷积码

前面提到的几种编码都属于分组码，其编码时，本组中的 $n-k$ 个校验元仅与本组的 k 个信息元有关，而与其他各组的码元无关。分组码译码时，也仅从本码组的码元内提取有关译码信息，而与其他各码组无关。卷积码则不同，在其编码时，本组的 $n-k$ 个校验元不仅与本组的 k 个信息元有关，还与以前各时刻输入至编码器的信息组有关。同样，在卷积码译码过程中，不仅从此时刻接收到的码组中提取译码信息，而且还要利用以前或以后各时刻收到的码组提取有关信息。可见，卷积码各码组之间有相关性，其编译码过程较分组码复杂。为了降低复杂度，卷积码的参数 k 及 n 都比较小，编码效率较低，抗突发错误的能力不强，性能分析也较难。但卷积码容易实现最优或准最优译码，无论从理论上还是实践上均已证明，在同样的码率和设备复杂性条件下，卷积码性能至少不比分组码差，因而在通信领域中也得到了一定的应用，主要用于构造 Turbo 码。

2.6.2.5　Turbo 码

Turbo 码也称为并行级联卷积码，是 C. Berrou 等人在 1993 年提出的。它巧妙地将卷积码和随机交织结合在一起，实现了随机编码的思想；同时采用基于概率的软判决迭代译码来逼近最大似然译码。模拟结果表明，在信噪比 $\geqslant 0.7$dB 的加性白高斯噪声（additive white gaussian noise，AWGN）信道中，码率为 1/2 的 Turbo 码，采用迭代译码可达到近香农极限的性能，因此，Turbo 码为最终达到香农信道容量开辟了一条新途径，被看作信道编码理论与研究上所取得的最伟大技术成就，具有里程碑的意义。Turbo 码编码器由两个反馈的系统卷积码编码器通过一个随机交织器并行连接而成，编码后的校验位经过删余阵，从而产生不同码率的码字。Turbo 码的码率较低，其优异的性能源于软判决迭代译码，但这种译码算法的复杂度高，高速率时难于实现，尽管已有许多理论的研究，但目前还不适用于实际光纤通信系统。

2.6.2.6　低密度奇偶校验码

Gallager 提出的软判决低密度奇偶校验码（low density parity check code，LDPC）以其纠错性能接近香农极限的优点，被作为 100Gb/s 光通信系统 FEC 技术的首选方案。实验研究表明，优化了的非规则 LDPC 码在码长为 107，误码率为 10^{-6} 的条件下，离香农限仅差 0.045dB，这已经远远超过了 Turbo 码，成为最接近香农限的码型。LDPC 编码的优点不仅在于高的纠错能力，而且还在于其描述简单、译码复杂度低、可实现完全的并行化处理，从而可以减少电路的复杂性。其吞吐量大，具有高速译码的潜力。

　　LDPC 码是线性分组码的一种，因此对 LDPC 码的分析可以借鉴传统的线性分组码。编码时将信息码元通过生成矩阵 G 转换成传输码元 C，在收端存在一个与生成矩阵 G 对应的校验矩阵 H，若满足 $HC^{\mathrm{T}}=0^{\mathrm{T}}$，则表示传输过程中无误码；若结果不等于 0^{T} 就表示传输过程中有误码。LDPC 码中的校验矩阵 H 不同于传统线性分组码的校验矩阵，LDPC 码的 H 中的非零元素个数很少，0 元素占了矩阵中的大部分，属于稀疏校验矩阵。LDPC 中的"低密度"就是根据校验矩阵中非零元素较少而命名的。

　　LDPC 码与其他编码方式最重要的区别就是其校验矩阵具有稀疏性，因此其译码算法会较其他编码方式更高效，译码复杂度与信息码长呈线性关系，可以采用较长码元的 LDPC 码来获得较高的性能。当 LDPC 码的编码长度很长时，根据校验矩阵所具有的稀疏性，可以使相隔很远的码元同时参与校验，从而将连续的突发错误离散化，因此根据 LDPC 码自身的纠突发错误的特点，在实际应用中可以避免引入交织器，消除因引入交织器而带来的时延。

　　1. LDPC 码关键技术

　　LDPC 编译码研究的关键技术归结起来主要有：

　　(1) 校验矩阵的构造。校验矩阵的构造直接决定了 LDPC 码的性能。根据校验矩阵行（列）重量是否一致，LDPC 码分为规则码和非规则码；根据校验矩阵元素取值范围，LDPC 码分为二进制码和多进制码；根据校验矩阵中非零元素位置的构造规则，LDPC 码分为随机码和结构码；根据校验矩阵的元素约束关系，LDPC 码分为 LDPC 分组码，LDPC 卷积码和广义 LDPC 码。

　　对于校验矩阵的构造，非规则码的性能优于同码率的规则码，非规则码的构造也比规则码复杂很多，目前，关于非规则码的度分布序列优化的方案已经比较成熟。改变度分布序列，增加最小环长同时增加最小距离可以改进 LDPC 码的性能。

　　多进制 LDPC 码的重量分布选择比二进制 LDPC 码灵活，距离特性也更好，也就是说可以让误码平台出现在更低的误码率处，多进制 LDPC 码的研究也比较热门，校验矩阵构造原理和二进制相类似。结构码相比随机码的构造优点在于结构化的构造更加利于硬件实现，现在主要的结构构造可以基于行列分解、基于 EG/FG 等，其思想都是基于循环置换矩阵，使整个校验矩阵具有循环结构或准循环结构。数学上已经证明，如果校验矩阵是满秩的准循环矩阵，那么其对应的生成矩阵也具有准循环结构。

　　(2) 编码算法。传统的 LDPC 码生成矩阵是由校验矩阵的零空间得出，由于校验矩阵通常规模较大，计算生成矩阵占用资源也比较大，存在一定的编码延迟。为了降低 LDPC 码的编码复杂度，使编码复杂度与码长呈线性关系，而不是与码长的平方甚至三次方呈线性关系，研究者们提出了编码算法，即不通过传统的利用求校验矩阵的零空间得到生成矩阵，再由生成矩阵来进行编码的方法，而是直接构造具有特殊形式（下三角或近似下三角）的校验矩阵，由码字满足的校验方程出发，直接得到校验位，从而实现由校验矩阵直接对信息序列进行编码。目前流行的下三角构造主要为双对角线法，而更加主流的近似下三角构造可以克服下三角构造中校验位需要迭代的缺点。好的编码算法能够大大降低编码复杂度和编码延迟，很适合高速通信。但同时带来的弊端是在码长和码率发生变化时，重新构造校验矩阵工作量比较大。

（3）译码算法。LDPC 码的译码算法有多种，常用的有大数逻辑译码、比特翻转译码、加权大数逻辑译码、加权比特翻转译码和积算法及其修正算法、最小和算法及其修正。在这些算法之中，基于置信度传播的和积算法及其各种修正形式应用最广。

2. LDPC 码的二分图

二分图是由 Tanner 提出来用于描述 LDPC 码的方法，这种方法成为后续研究的依据。因此，二分图也被称作 Tanner 图。

将编码后的比特用一个顶点集来表示，这个顶点集的个数为编码后的长度 n，也是校验矩阵 $\boldsymbol{H}$ 的列数 n。每一个比特分别对应一个顶点，称为信息节点；校验约束用另一个顶点集来表示，这个顶点集的个数为校验方程的个数，也是校验矩阵 $\boldsymbol{H}$ 的行数 m，称为校验节点。二分图的构造方法：若第 i 个码元比特被第 j 个校验约束，那么校验矩阵的第 j 行第 i 列的相应元素为 1，且在这个信息节点和校验节点之间存在一条边。根据上述方法，就可以构造出特定校验矩阵的二分图。

$$\text{校验矩阵 } \boldsymbol{H} = \begin{bmatrix} 1 & 1 & 1 & 0 & 0 & 1 & 1 & 0 & 0 & 0 & 1 & 0 \\ 1 & 1 & 1 & 1 & 1 & 0 & 0 & 0 & 0 & 0 & 0 & 1 \\ 0 & 0 & 0 & 0 & 0 & 1 & 1 & 1 & 0 & 1 & 1 & 1 \\ 1 & 0 & 0 & 1 & 0 & 0 & 0 & 1 & 1 & 1 & 0 & 1 \\ 0 & 1 & 0 & 1 & 1 & 0 & 1 & 1 & 1 & 0 & 0 & 0 \\ 0 & 0 & 1 & 0 & 1 & 1 & 0 & 0 & 1 & 1 & 1 & 0 \end{bmatrix}$$

的 LDPC 码校验矩阵和对应的二分图如图 2-55 所示。

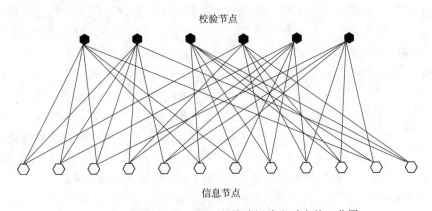

图 2-55　矩阵 $\boldsymbol{H}$ 的 LDPC 码校验矩阵和对应的二分图

图 2-55 中给出的校验矩阵 $\boldsymbol{H}$ 是一个 6 行 12 列的矩阵，行重为 6，列重为 3。则有此二分图共有 6 个校验节点，12 个信息节点，每个校验节点的度数为 6，各个信心节点的度数为 3。

根据校验矩阵 $\boldsymbol{H}$ 中每行每列非零元素的个数，LDPC 码可以分为两种：如果 $\boldsymbol{H}$ 矩阵每行每列非零元素的个数固定，则称为规则 LDPC 码；否则就是非规则 LDPC 码。图 2-55 中每行非零的个数都是 6，每列非零的个数都是 3，因此图 2-55 中描述的 LDPC 码是规则 LDPC 码。

在二分图中一个由 1 条无向边组成的封闭路径就是 LDPC 码中长为 l 的环。其中最小

的环就是格。根据二分图构成原则，在二分图中最小环的长度可能是 4。如二向图中一个

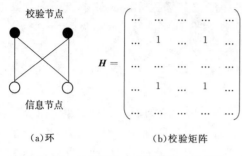

（a）环　　　　　（b）校验矩阵

图 2-56　二向环中一个长度为 4 的环和
其对应的校验矩阵

长度为 4 的环对应校验矩阵中一个四个顶角都为 1 的子矩阵，如图 2-56 所示。因此，可以很容易从校验矩阵中找到长度为 4 的环。

3. LDPC 码的编码

码长为 n 的 LDPC 码的稀疏校验矩阵 $H_{m \times n}$ 可记为 $H(n,q,p)$，满足如下要求：

（1）稀疏校验矩阵 H 每行的"1"有 p 个，每列"1"有 q 个，且 $p > q \geqslant 3$，$m/n = p/q$。

（2）每行或每列中"1"尽量随机稀疏分布，且任意两行或两列"1"的位置重叠的个数不大于 1。

（3）分组长度尽量长。

（4）不存在长度为 4 的环。

根据上述要求不难发现在构造 LDPC 规则码的稀疏校验矩阵时要尽可能随机分布"1"的位置，在满足构造条件时尽量保证稀疏性。另外特别需要注意的是，在编码过程中需要通过稀疏校验矩阵 H 来进行逆运算，因此要保证稀疏矩阵的每个部分都是满秩的。要保证满秩，就要保证稀疏校验矩阵 H 中不能存在长度为 4 的环。也就是说，要求稀疏校验矩阵任意两行或两列相同"1"的位置的个数不能大于 1。

对于 LDPC 码，确定了最关键的稀疏校验矩阵之后，LDPC 码的编码也就确定了。根据线性分组码的特点，生成矩阵和稀疏矩阵满足 $HG^T = 0$ 的关系，根据这种关系来求生成矩阵是最直接的，但是却也是最复杂的。下面介绍另一种编码方式。

采用高斯消去法将校验矩阵 $H_{m \times n}$ 构造成

$$H = \begin{pmatrix} A & B & T \\ C & D & E \end{pmatrix} \tag{2-171}$$

其中 A 是一个 $(m-g) \times (n-m)$ 稀疏矩阵；B 是一个 $(m-g) \times g$ 稀疏矩阵；C 是一个 $g \times (n-m)$ 稀疏矩阵；D 是一个 $g \times g$ 稀疏矩阵；E 是一个 $g \times (m-g)$ 稀疏矩阵；T 是一个对角线元素均为"1"的 $(m-g) \times (m-g)$ 稀疏下三角矩阵。

再将上述矩阵左乘一个矩阵进行线性变换得到一个新的矩阵，即

$$\begin{pmatrix} I_1 & 0 \\ -ET^{-1} & I_2 \end{pmatrix} \begin{pmatrix} A & B & T \\ C & D & E \end{pmatrix} = \begin{pmatrix} A & B & T \\ -ET^{-1}A + C & -ET^{-1} + D & 0 \end{pmatrix} \tag{2-172}$$

其中 I_1 是一个 $(m-g) \times (m-g)$ 单位矩阵，I_2 是一个 $g \times g$ 单位矩阵。根据稀疏校验矩阵所对应的码，集中码字 G 分为三部分 (S, P_1, P_2)，S 为 $(n-m)$ 信息矢量，P_1 是 g 校验矢量，P_2 是 $(m-g)$ 校验矢量。且 $HG^T = 0$ 则有

$$AS^T + BP_1^T + TP_2^T = 0 \tag{2-173}$$

$$(-ET^{-1}A + C)S^T + (-ET^{-1}B + D)P_1^T = 0 \tag{2-174}$$

假设 $\boldsymbol{\varphi} = -ET^{-1}B + D$ 为非奇异矩阵，则有

$$P_1^T = -\boldsymbol{\varphi}^{-1}(-ET^{-1}A + C)S^T \tag{2-175}$$

$$P_2^{\mathrm{T}} = -T^{\mathrm{T}}(AS^{\mathrm{T}} + BP_1^{\mathrm{T}}) \tag{2-176}$$

相对于直接进行求解，此种计算过程中只有的 $\varphi^{-1}(-ET^{-1}A + C)$ 计算复杂度是 $O(g^2)$ 外，其他计算的复杂度仅仅是 $O(n)$。因此要想计算简单，那么 g 就应该尽量小。

4. LDPC 码的译码

LDPC 码有硬判决译码算法和软判决译码算法两种译码方式。硬判决译码算法不能使 LDPC 码达到其最佳性能，而软判决则可以使 LDPC 码的最佳性能得到体现。软判决译码算法一般采用和积算法即置信传播算法，LDPC 码与传统的线性分组码最主要的区别就是采用这种迭代的概率译码算法。理论上，如果采用置信传播算法，且校验矩阵的二分图中不存在环，那么译码后会全部收敛于比特的后验概率，这样就保证了 LDPC 码具有良好的性能。

整个译码过程可以看作是 BP 算法在二分图上的应用，和积算法一般是在对数域上实现。根据已经确定的稀疏奇偶校验矩阵 H 得到与之对应的二分图，确定了二分图后就确定了信息节点和校验节点。BP 译码过程主要是通过在信息节点和校验节点之间不断传递消息，这个消息就是概率的似然比值。通过不断更新，一直到满足了迭代次数或校验矩阵对信息节点约束的条件之后就得到了译出码。

5. 误码平台

LDPC 码的出现使得纠错编码技术领域有了重大的发展，LDPC 码满足香农限的 3 个前提：码长足够的长、编码方式随机并采用最大似然解码。目前在加性高斯白噪声信道下二相键控调制的有些非规则的 LDPC 码已经达到了香农限，且 LDPC 码的编码和译码的复杂度与码长呈线性关系。因此 LDPC 码的分组长度可以非常大，以达到较好的性能。同时 LDPC 码的算法高度并行，可以实现极高的吞吐量，再加上自身交织特性，对于纠正连续误码的能力很强。尽管不规则 LDPC 码具有上述优点，但是不规则 LDPC 码经常会引入低重量的码字，这就会导致信道在低信噪比时的纠错性能优越，而在信道信噪比比较高时，原本陡峭的信噪比与误码率关系曲线突然变得平坦起来，这就是误码平台现象。

在 OSNR 较低时 LDPC 码相对 RS 码性能较优越，但随着 OSNR 不断增加，BER 下降到约 10^{-7} 后就不会再随 OSNR 的增加而有显著下降，其性能曲线慢慢变得平坦，呈现出了误码平台的现象。然而在光通信系统中，一般要求经过 FEC 纠错后的最小 BER 至少应该为 10^{-12}，甚至为 10^{-15}。由此可以认为误码平台的产生限制了非规则 LDPC 码在光通信系统中的应用。

短环是导致 LDPC 码产生误码平台效应的主要原因，因此消除短环是解决误码平台的主要问题。有两种方法来增加短环的长度：第一种方法，通过增加编码长度来增大短环的长度。根据计算，短环长度为 6、8、10 分别对应的码长为 460、4000、20000。然而码长的增加直接导致电路设计的复杂，特别是对于 100G 系统而言，要想使短环长度达到 10 更是难以实现。另一种方法是通过增加冗余度来提高短环长度。规则 LDPC 码的冗余度为 3%、10%、35% 时，分别对应的短环长度为 6、8、10。但是要提高冗余度，就必须相应提高比特速率。就 100G 系统而言，要想达到 35% 的冗余度，传输速率将达到 140Gbit/s。因此以上两种方法对于 100G 系统而言都难以实现。

2.6.2.7　乘积码

乘积码是构造长码的一种方式。乘积码阵中的行及列分别对应于一种码型,传输时可按行或按列的次序逐行或逐列传输,也可按码阵的对角线次序传送。如果采用前一种传输方式,乘积码译码时,需先按行或先按列译码,然后再按列或按行译码,即要进行两级译码。由此可见,乘积码译码器的复杂性完全取决于行码和列码译码器的复杂性,而其纠错能力也与行码和列码的纠错性能有关,并优于后两者。乘积码可纠正大量的随机错误和突发错误,但存在码率低、信道质量差、时性能降低的缺点。

2.7　光　纤　相　关　技　术

作为光纤通信系统的传输载体,光纤的性能对光信号的传输起到关键作用。对于超长距离光传输系统,理想的光纤特性应包括较小的衰减系数、适当的色散、低色散斜率、较大的有效面积、低偏振模色散。例如,G.652 光纤具有低损耗系数且色散系数偏大的特点,因此可以减小大功率信号光引起的非线性效应对信号的影响;大有效面积光纤(large effective area fiber,LEAF)拥有较大的有效面积,可以降低光强密度以减小光纤非线性效应的影响;低水峰光纤(all wave fiber)消除了 1380nm 处的 OH⁻ 吸收峰,从而提供了更宽的可利用传输波段范围。

2.7.1　G.652 色散非位移单模光纤

常规单模光纤(single mode fiber,SMF)是在 20 世纪 80 年代就已经成熟应用的一种光纤,其零色散波长在 1310nm 附近。G.652 光纤是在全世界范围使用最普遍且数量最多的光纤,ITU-T 将 G.652 光纤细分为 4 个子类:G.652A、G.652B、G.652C、G.652D 光纤,其具体参数见表 2-10。

表 2-10　　　　　　　　　　　　G.652 光纤具体参数

光 纤 参 数	G.652A	G.652B	G.652C	G.652D
1310 模场直径/μm	$(8.6\sim9.5)\pm0.7$	$(8.6\sim9.5)\pm0.7$	$(8.6\sim9.5)\pm0.7$	$(8.6\sim9.5)\pm0.7$
最小零色散波长/nm	1300	1300	1300	1300
最大零色散波长/nm	1324	1324	1324	1324
零色散波长最大斜率/[ps/(nm²·km)]	0.092	0.092	0.092	0.092
1310nm 衰减系数最大值/(dB/km)	0.5	0.4	待定	待定
1550nm 衰减系数最大值/(dB/km)	0.4	0.35	0.3	0.3
PMD 系数链路最大值/(ps/km^{1/2})	—	0.5	0.5	0.2

G.652A 光纤基本上与原来的 G.652 光纤特性一样,适用于最高速率为 2.5Gbit/s 的系统,但部分指标有所提高。G.652B 光纤与 G.652A 光纤相比,增加了对偏振模色散的要求($\leqslant0.5$ ps/km^{1/2})。G.652C 光纤为低水峰光纤,如 Lucent 的全波光纤,系统增加了 1360~1530nm 之间的扩展波段,大大提高了 DWDM 系统的传输信息容量。G.652D 光纤与 G.652C 光纤的最大区别是对 PMD 有更严格的要求。

2.7.2 超低损耗光纤（ultra low loss，ULL）

传统 G.652 光纤通过在纤芯中掺锗的方式来提高纤芯的折射率，与二氧化硅的包层材料间形成折射率差，以保证入射光在单模光纤中的传播。但由于芯层中掺入了二氧化锗等金属氧化物，会导致光纤损耗增加，因此传统 G.652 光纤最低衰减为 0.19dB/km。理论和实验表明，光纤中的损耗主要来自光纤材料的瑞利散射损耗和吸收损耗。由于掺锗元素的存在，引起较高的光纤瑞利散射，导致掺锗光纤的衰减无法降低。采用纯硅芯单模光纤，减小了由于瑞利散射的衰减，实现了光纤损耗的进一步降低。普通光纤和纯硅纤芯光纤折射率比较示意图如图 2-57 所示。

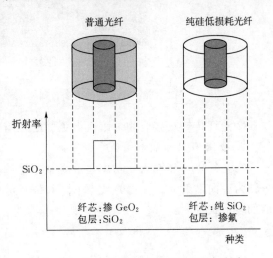

图 2-57　普通光纤和纯硅纤芯光纤折射率比较示意图

由图 2-57 可知，掺锗纤芯的标准单模光纤和纯二氧化硅纤芯单模光纤在折射率分布上的区别。为了保持纤芯和包层之间的折射率差，需要降低包层的折射率，这可以通过在包层中掺杂氟等元素来实现。通过纯硅纤芯技术，石英光纤的衰减可以进一步降低，目前报道的采用纯硅芯制作的光纤最低衰减可以到达到 0.142dB/km。考虑工程施工和现有传输设备的匹配，纯硅芯可以大规模应用于陆上长途传输光纤，在低衰减的同时还需要和现有 G.652 光纤兼容。

1. 衰减特性

目前市场上 G.652 ULL 光纤在 1550nm 处有 0.16dB/km 和 0.17dB/km 两种衰减指标的产品可供选择。该产品比普通 G.652 光纤的 0.2dB/km 指标低 0.03～0.04dB/km。ULL 光纤属于 G.652B 光纤，属非低"水峰"光纤，但由于"水峰"所在的 E 波段在通信中几乎没有实际使用，因此不影响其在通信系统中的应用。根据实际测试，除了在 E 波段大部分频点上的衰减值高于 G.652D 光纤外，ULL 光纤在 1310nm 所在的 O 波段、1480nm 所在的 S 波段、1 550nm 所在的 C 波段、L 波段及 U 波段的衰减均明显低于 G.652D 光纤。

对于短距离传输，如果衰耗从 0.2dB/km 降低到 0.16dB/km（即损耗降低 0.04dB/km），效果不是很明显，因为以 80km 计算，总的衰耗值降低了 3.2dB，可以延长传输距离 20km。但对于超长站距而言，以 300 km 计算，总的衰耗值降低了 12dB，则可以延长传输距离 75km。因此 ULL 光纤对于超长站距进一步延长传输距离的应用效果很明显。相同衰耗下的普通 G.652 光纤与 ULL 光纤传输距离的对比如图 2-58 所示。

由图 2-58 可见，在光纤衰减一定的情况下，ULL 光纤比普通 G.652 光纤的传输距离更远，而且随着衰减值的增加，ULL 光纤比 G.652 光纤传输距离的增加效果更明显，因此对于超长站距，ULL 光纤更能体现其价值。在相同传输距离下利用 ULL 光纤传输比

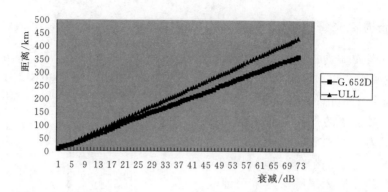

图 2-58　相同衰耗下的普通 G.652 光纤与 ULL 光纤传输距离的对比

G.652 光纤传输在接收侧可以获得更好的光信噪比，从而使信号质量更好。

2. 受激布里渊散射阈值

在光纤中，当输入光功率超过受激布里渊散射（SBS）阈值时，前向传输的信号光部分转为后向散射光，使得光功率下降和信号劣化，影响信号传输距离和信号质量。SBS 阈值的表达式为

$$P_{th} = 21 \cdot \frac{K \cdot A_{eff}}{g_0 \cdot L_{eff}} \frac{\sqrt{\Delta v_B^2 + \Delta v_S^2}}{\Delta v_S} \qquad (2-177)$$

式中　P_{th}——SBS 阈值；

K——偏振相关因子；

A_{eff}——光纤有效面积；

g_0——SBS 增益系数；

L_{eff}——光纤有效长度；

Δv_B——光纤的自发布里渊增益谱宽度；

Δv_S——信号光谱宽度。

L_{eff} 是与光纤衰减系数 α 相关的函数，其表达式为

$$L_{eff} = \frac{1 - \exp(-\alpha L)}{\alpha} \qquad (2-178)$$

式中　L——光纤长度。

由式（2-177）和式（2-178）可以看出，α 越大，L_{eff} 越小，P_{th} 越大。因此，ULL 光纤的 SBS 阈值比普通 G.652D 光纤要低。

3. 偏振模色散

对于基于 10Gbit/s 以上的 DWDM 高速大容量系统，限制光通信系统发展的主要因素已由衰耗受限转变为色散受限和非线性受限，随着传输速率的提高，PMD 对通信系统的影响越来越明显，而且不可低估。ULL 光纤除具有低损耗的特性外，还具有比普通 G.652D 更低的 *PMD*，*PMD* 可以达到 $0.04 \text{ps/km}^{1/2}$，远低于 G.652D 光纤的 $0.2 \text{ps/km}^{1/2}$ 标准，因此 ULL 光纤与 G.652D 光纤相比更适用于高速率系统的传输。

4. 其他特性

除上述性能外，超低损光纤的其他特性（包括 MFD 和色散性能）与 G.652D 光纤几

乎一致，根据实际测试，超低损光纤的接头熔接损耗约为 0.013dB/个，其他单模光纤的对接损耗为 0.01~0.05dB/个，并不能对通信链路产生实质性影响，即超低损光纤与普通 G.652 光纤是可以进行对接兼容的，成缆附加损耗在 1550nm 处约为 0.01dB/km，在 -40~65℃的温度范围附加衰减也在 ±0.02dB 之内。综上所述，超低损光纤特别适合超长站距及高速大容量长距离传输。

2.7.3 G.653 色散位移光纤

由于 G.652 光纤在 1550nm 工作窗口色散太大，在高功率传输时非线性效应较为严重，通过将零色散点从 1310nm 转移到 1550nm，从而在 1550nm 波段拥有衰减最小和色散为零的两个最佳性能，开发出了色散位移光纤，即 G.653 光纤。

G.653 光纤非常适合高速超长距离光传输系统，在长距离传输后可以不需要色散补偿。然而，由于在 G.653 光纤中 1550nm 波段的色散为零，容易产生四波混频效应，限制了波分复用系统的应用，G.653 光纤和光缆的主要技术指标见表 2-11。

表 2-11　　　　　　　　　　G.653 光纤和光缆的主要技术指标

光 纤 参 数	G.653A	G.653B
1550 模场直径/μm	$(7.8\sim8.5)\pm0.8$	$(7.8\sim8.5)\pm0.8$
色散系数/[ps/(nm·km)]	3.5	3.5
最小零色散波长/nm	1500	1500
最大零色散波长/nm	1600	1600
色散斜率/[ps/(nm²·km)]	0.085	0.085
未成缆光纤 PMD 系数/(ps/km$^{1/2}$)	不要求	不要求
1550nm 衰减系数最大值/(dB/km)	0.35	0.35
PMD 系数链路最大值/(ps/km$^{1/2}$)	0.5	0.2

由表 2-11 可知，G.653A 光纤与 G.653B 光纤的最大区别是偏振模色散要求不同。G.653A 光纤适用于带光放大器的单信道系统以及海底光纤通信系统。G.653B 光纤的 PMD 系数小于 G.653A 光纤，故其支持 10Gbit/s 的传输距离大于 400km，而且支持带光放大器的单信道 40Gbit/s 系统。

2.7.4 G.654 大有效面积光纤

为了将光纤损耗系数降到极限，ITU-T 提出了一种截止波长位移光纤，即 G.654 光纤。G.654 光纤在 1550nm 的最小衰减可以达到 0.15dB/km，最佳工作波长范围为 1530~1625nm。这种衰耗较小的截止波长位移的单模光纤主要应用于超长距离光通信系统。

根据色散系数和偏振模系数的不同，G.654 光纤可分为 G.654A、G.654B、G.654C 光纤。G.654A 与 G.654B 光纤的最大区别是偏振模色散不同；G.654B 与 G.654C 光纤的区别是色度色散不同。G.654A 光纤主要适用于 1550nm 波段的 ITU-T G.691 的带光放大器的单信道同步数字体系（synchronous digital hierarchy，SDH）系统和带光放大器的多信道系统等。G.654B 光纤主要适用于长距离、大容量的 DWDM 系统，主要应用于有遥泵放大的无中继海底系统。G.654C 因为具有较低的 PMD 系数,所以更适合在更高速率、更长距离的海底光纤通信系统中。

为了提升系统的 $OSNR$ 和传输距离,大有效面积光纤增大了光纤的 MFD 和有效面积,同时截止波长从 G.652 的 1260nm 移到 1500nm 附近。由于有效面积增加引起的宏弯性能劣化,以及和 G.652 光纤兼容性等问题,导致该类型光纤很少在陆地传输中应用。为了适应陆地高速传输系统的应用,ITU-T 自 2013 年 7 月开始讨论适用于陆地传输系统的 G.654 光纤,在最新版本修订中增加了 E 子类。该光纤在保持与现有陆地应用单模光纤基本几何性能和机械性能一致的前提下,增大了光纤有效面积,降低了光纤衰减系数。

1. G.654E 光纤标准及指标

2016 年 9 月应用于陆地高速传输系统的 G.654E 光纤正式完成标准化工作,标准对 G.654E 光纤的 MFD 与有效面积、宏弯损耗特性、色散参数和衰减系数等特性进行了规定,修订后 G.654 关键技术指标和 G.652 光纤的比较见表 2-12。

表 2-12　　　ITU-T 修订后 G.654 关键技术指标和 G.652 光纤的比较

项　目	单位	技术指标 (G.654)					技术指标 G.652
		a 类	b 类	c 类	d 类	e 类	
1550nm MFD	μm	9.5~10.5	9.5~13.0	9.5~10.5	11.5~15	11.5~12.5	8.6~9.5@1310nm
MFD 容差范围	μm	±0.7	±0.7	±0.7	±0.7	±0.7	±0.6
光缆截止波长	nm	$\lambda_{cc} \leqslant 1530nm$					$\lambda_{cc} \leqslant 1260nm$
1625nm 处宏弯损 ($R=30mm$, 弯曲 100 圈)	dB	0.5	0.5	0.5	2	0.1	0.1
1550nm 衰减系数最大值	dB/km	0.22	0.22	0.22	0.2	0.23	0.4
1550nm 色散斜率最大值	ps /(nm²·km)	0.07					0.09@1310nm
1550nm 色散系数最大值	ps /(nm·km)	20	22	20	23	23	18

与常规 G.652 光纤相比,几个核心指标有较大差异:

(1) G.654E 光纤在 1550nm 的 MFD 11.5~12.5 μm,对于有效面积范围 110~130 μm²,考虑到陆地使用要求,严格了 MFD 标称值范围,容差仍然保持为 ±0.7 μm。目前常规 652 光纤的 $MFD=9.2$ μm (1310nm),对应的有效面积为 85 μm²。G.654E 光纤在与常规光纤混合使用时,需要考虑由于 MFD 失配带来的熔接损耗增加。另外标准中 MFD 的定义也相对宽泛,不同厂家 G.654E 产品的有效面积不一样,在施工和应用中会带来一定的困扰,需要今后进一步统一化。

(2) G.654E 标准给出了 1550nm 波长处的光缆衰减最大值为 0.23dB/km,同时指出最低的光纤光缆衰减系数取决于制造工艺、光纤材料和设计以及光缆设计,目前在 1550nm 区域,已经可以实现 0.15 ~0.19dB/km 的衰减。另外对于采用 ROPA 技术和拉曼放大技术的应用系统中,泵浦波长区域的衰减系数(如 1450nm 处衰减)也需要进一步规范。

(3) G.654E 的宏弯指标与 G.652D 一致,即在 30mm 半径 100 圈在 1625nm 处的宏弯损耗最大值为 0.1dB。陆地应用的新型光纤的弯曲性能,需要满足现有接头盒尺寸和施工要求，否则工程使用将存在较大隐患。目前 G.654E 光纤产品在设计时一般都会采用沟槽技术来提升光纤的弯曲性能，基本可以达到与 G.652D 标准一致的弯曲性能。

2. G.654E 光纤的成缆及熔接性能

为验证 G.654E 光纤在电力通信 OPGW 光缆中的成缆特性，某公司首次制作了 G.654E 光纤 OPGW 光缆。该光缆是常规设计的全铝包钢线双钢管结构，在其中的一根光单元中置入 G.654E 光纤，在另一根光单元中置入 G.652D 单模光纤作为对比。OPGW 采用了常规层绞式双钢管光单元全铝包钢结构，其缆型结构如图 2-59 所示；光缆中 EX2000 光纤在成缆前后的衰减变化如图 2-60 所示。

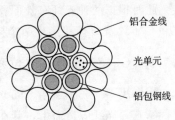

图 2-59　OPGW 光缆缆型结构

从图 2-60 可以看出，成缆过程中引入的附加衰减与 G.652 光纤相当，EX2000 光纤在 1550nm 波长处的衰减为 0.155~0.163dB/km，成缆过程中衰减变化不大于 ±0.008dB/km，测试缆的应力应变、高低温性能与 G.652D 光纤一样良好。

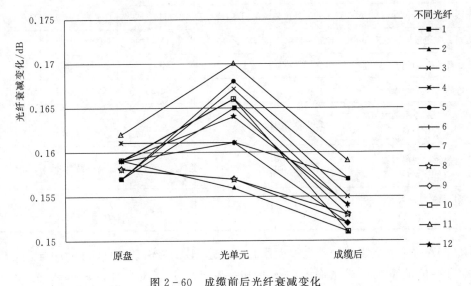

图 2-60　成缆前后光纤衰减变化

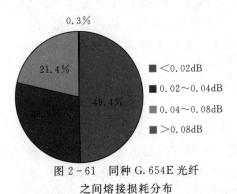

图 2-61　同种 G.654E 光纤之间熔接损耗分布

通过成缆测试，验证了 G.654E 光缆可以采用与常规 G.652 光纤类似的成缆工艺，无特殊工艺要求，而且衰减特性、机械性能也满足 OPGW 光缆的要求，为 G.654E 光纤在电力通信的应用做好了准备。

影响光纤熔接的最主要因素是 MFD 的匹配度，G.654E 光纤的 MFD 比 G.652 光纤的大 35%~60%，下面分两种应用场景来分析 G.654E 光纤的熔接性能。

（1）链路中大部分的应用场景是 G.654E 同种光纤的熔接，在这种情况下熔接损耗分布如图 2-61 所示。其中同种 G.654E 光纤的熔接损耗最大值为 0.08dB，平均值为 0.02dB，与 G.652D 光纤之间的熔接损耗接近甚至更低，而且熔接机的操作方式相同。

（2）在链路两端，光缆进入机房需要进行成端，为满足与现有通信设备及光模块的匹配，一般用 G.652 光纤跳线进行成端，这样在链路两端接头需要 G.654E 与 G.652 光纤熔接，此时根据两种光纤有效面积的差异，熔接损耗为 0.15～0.3dB。但只有链路两端才需要和 G.652 光纤熔接形成两个接头，对链路整体衰减性能影响较小。

2.7.5　G.655 非零色散位移光纤

为解决 G.653 光纤在 1550nm 处色散为零所导致的 DWDM 系统中的 FWM 效应的影响，G.655 光纤应运而生，其在 1550nm 处的色散介于 G.652 和 G.653 光纤之间。较小的色散系数有利于长距离传输，同时有利于抑制 FWM、XPM 等非线性效应。G.655 光纤和光缆的主要技术指标见表 2-13。

表 2-13　　　　　　　　　　　G.655 光纤和光缆的主要技术指标

光 纤 参 数	G.655A	G.655B	G.655C	G.655D	G.655E
1550 模场直径/μm	(8～11) ±0.7	(8～11) ±0.7	(8～11) ±0.7	(8～11) ±0.7	(8～11) ±0.7
最小到最大零色散波长范围/nm	1530～1565	1530～1565	1530～1565	1530～1565	1530～1565
最小色散/[ps/(nm·km)]	0.1	1	1	与波长相关	与波长相关
最大色散/[ps/(nm·km)]	6	10	10	与波长相关	与波长相关
1550nm 衰减系数最大值/(dB/km)	≤0.35	0.35	0.35	≤0.35	0.35
1625nm 衰减系数最大值/(dB/km)	待定	≤0.4	≤0.4	待定	≤0.4
PMD 系数链路最大值/(ps/km$^{1/2}$)	0.5	0.5	0.2	0.2	0.2

G.655A 光纤主要适用于带光放大器的单信道 SDH 传输系统；G.655B 光纤支持带光放大器的多信道系统，其允许的注入光功率高于 G.655A 光纤；G.655C 光纤保留了 G.655A 和 G.655B 光纤的基本色散特性，允许使用一部分负色散光纤进行色散管理；G.655D 光纤是低色散的非零色散位移光纤，在 1460～1625nm 范围，其色散系数较小，在 1530nm 以下波长的色散为负；G.655E 光纤具有较大的色散系数，在 1460nm 以上波长色散为正且具有更大的抑制非线性效应的能力。

2.7.6　G.656 低斜率非零色散位移光纤

2002 年，日本的两个公司提出应规范一种适用于 DWDM 系统 S＋C＋L 波段应用的新型光纤，即在 S＋C＋L 波段为非零色散的光纤，得到各国专家的广泛支持。经过 9 个月的研究，提出了这种光纤的基本规范，各公司对这种光纤也都开展了研究，提出了对一些关键指标取值的建议。在激烈的讨论之后，除少数参数外（虽然少数，却很关键），基本达成了一致的意见，并把这种新型光纤命名为 G.656 光纤。目前提出的 G.656 光纤参数指标见表 2-14。

表 2-14   **G.656 光纤参数指标**

参 数 名 称	光纤属性	
	表 述	数 值
模场直径	波长	1310nm
	标称值范围	7.0～10.0 μm（ver.0.0 中提出） 8.0～11.0 μm（Alcatel 提议） 8.0～10.0 μm（Corning 提议）
	容差	±0.7 μm
包层直径	标称值	125.0 μm
	容差	±1 μm
同心度误差	最大	0.8 μm
包层不圆度	最大	2.0%
光缆截止波长	最大	1450
宏弯损耗	半径	30mm
	圈数	100
	在 1550nm 最大值	0.50dB
承受应力	最大	0.69GPa
色度色散系数波长范围为 1530～1565nm	λ_{0min} & λ_{0max}	1460nm & 1565nm
	D_{min} 的最小值	2ps/km
	D_{max} 的最大值	8ps/km（ver.0.0 提议） 11ps/km（OFS,Corning 和 NTT+CLPAJ 提议） 15ps/km（Alcatel 提议）
	符号	正或负
未成缆光纤链路偏振模色散系数（polarization mode dispersion quality，PMDQ）	最大	待定
衰减系数	在 1460nm 最大值	0.4dB/km
	在 1550nm 最大值	0.35dB/km
	在 1625nm 最大值	0.4dB/km
PMDQ	M	20 段光缆
	Q	0.01%
	最大 PMDQ	待定

MFD 和色散系数这两个参数的取值涉及许多与应用有关的方面，两个值之间也是关联的。例如，MDF 与光纤熔接损耗、色散系数、有效面积、非线性效应等都有关。色散

系数更直接影响到系统特别是高速系统的受限传输距离、密集波分复用系统的四波混频等非线性效应等。对于不同的应用，例如是城域还是长途、CWDM 还是 DWDM 等，考虑的出发点不同，取值自然也有所不同。既然应用有所区别，应该允许参数值有差异。因此比较妥善的解决方案是不必强求用一组指标来满足所有的应用，可以把 G.656 光纤也分为 A、B 等不同类型，分别规范适宜于其应用的相应指标，则可以实现各得其所。

第3章 电力SDH超长距离光传输系统建设实践

通过使用光放大器技术、色散补偿技术、相干光通信技术、非线性效应抑制技术和前向纠错技术可以有效延长光信号传输距离。目前电力通信系统主要使用的是2.5G和10G SDH业务，本章介绍了超长距离光传输技术在电力行业的实际建设应用案例。

3.1 2.5Gbit/s SDH超长距离光传输系统建设

在普通放大技术无法满足传输要求时，遥泵放大技术是最有效地提升传输距离的手段。3.1.1节介绍了遥泵放大器在2.5G SDH系统中的实验室测试和工程建设情况。

由于泵浦光功率过强，拉曼和遥泵放大技术在开通和运维上需特别谨慎，否则容易将光纤端面烧毁。虽然目前有无光关断技术可以避免这样的情况发生，但是有部分电力公司还是不常使用这种大功率放大器。3.1.2节介绍了在不使用大功率放大器的情况下，可以使用2.5G相干FEC延长传输距离。

3.1.1 2.5G遥泵系统建设实例——GZ通信工程

本节介绍了2.5Gbit/s SDH使用遥泵系统的工程应用情况，通过在实验室做模拟测试，验证遥泵系统的稳定可靠，并在现网GZ通信工程中开通了G站～X站368km 2.5Gbit/s SDH光路。

3.1.1.1 实验室测试试验

1. 测试系统搭建

选取T站～Z站线光缆，光缆长度77km，光缆平均衰耗0.214dB/km，选用19号、20号、21号、22号纤芯作为测试纤芯。SDH传输设备和遥泵光放大设备放置于T站，RGU放置于Z站。线路连接示意图如图3-1所示。368km项目光缆线路连接图如图3-2所示。

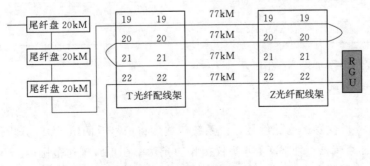

图3-1 线路连接示意图

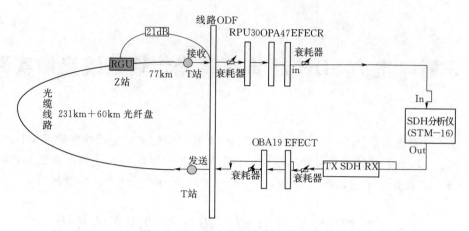

图 3-2 368km 项目光缆线路连接图

2. 各点功率测试

经测试，各点功率记录表见表 3-1。

表 3-1　　　　　　　　　　　　各 点 功 率 记 录 表

段　落	OBA19	RGU20		RPU30	
	输出功率	输入功率	输出功率	泵浦功率	输出功率
OBA19—RGU20	19.35dBm	−42.23dBm	−17.03dBm	30.2dBm	−24.1dBm

3. 长期误码测试

长期误码测试主要是测试 STM-16 波分系统的长时间误码率是否满足 ITU-T 标准。测试方法：

（1）图 3-2 中，SDH 分析仪发送测试信号，经系统传输后将信号返回给 SDH 分析仪。

（2）通过加衰减器，使 SDH 分析仪接收的光功率在正常工作范围内。

（3）进行误码性能测试，测试结束记录结果。

BER 测试结果记录表见表 3-2。

表 3-2　　　　　　　　　　　　*BER* 测试结果记录表

测试项目	要求指标	测试结果	测试结论
误码特性	24h 无误码	16h 无误码	满足传输要求
测试仪表	ANT20-E	ANT20-E	

BER 测试结果图如图 3-3 所示。

4. 输出抖动测试

测试方法：

（1）SDH 分析仪发送测试信号，经系统传输后将信号返回给 SDH 分析仪。

（2）通过加衰减器，使 SDH 分析仪接收的光功率在正常工作范围内。

（3）进入 SDH 分析仪的输出抖动测试功能，分别选择测量滤波器 B1 和 B2。测试时间不小于 60s，记录测试所得的输出抖动。

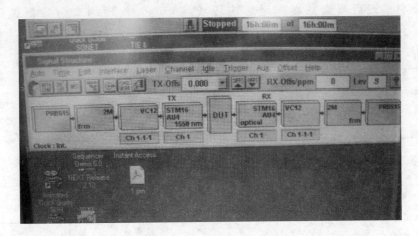

图 3-3　BER 测试结果图

输出抖动测试记录表见表 3-3。

表 3-3　　　　　　　　　　　　　　输出抖动测试记录表

测试项目	要求指标	测试结果		测试结论
		B1	B2	
系统输出抖动	STM-16	0.180	0.072	OK
	B1（5kHz~20MHz）：≤0.75 UI_{p-p}			
	B2（1~20MHz）：≤0.15UI_{p-p}			
测试仪表	ANT20-E			

输出抖动测试结果如图 3-4 所示。

图 3-4　输出抖动测试结果图

5. 系统功率余量测试

功率余量测试：按 348km 进行系统余量测试，前段 271km，衰耗 58.62dB；后段

77km，衰耗 20.8dB。测试时分段进行。

（1）调整前段可调衰减器，增加前段线路衰耗，前段功率余量测试记录表见表 3 - 4。

表 3 - 4　　　　　　　　　　　前段功率余量测试记录表

段　落	余量测试	误码情况	测试结果
OBA19 - RGU20	−1.6dB	无误码	OK
	−2.0dB	有误码	×

（2）通过后段调整可调衰减器测试，增加后段线路衰耗，后段功率余量测试记录表见表 3 - 5。

表 3 - 5　　　　　　　　　　　后段功率余量测试记录表

段　落	余量测试	误码情况	测试结果
RGU20 - RPU30	−2.3dB	无误码	OK
	−2.5dB	有误码	×

经过测试，前段功率余量为 1.6dB；后段功率余量为 2.3dB，总功率余量为 3.9dB。

6. 系统（OSNR）测试

由于现场无测试仪表，附厂验测试报告。测试点为接收端测试 OPA17 输出口。

测试时，系统无余量，OSNR 为最小容许值。测试仪器为 AQ6317B，OSNR 测试记录表见表 3 - 6。OSNR 测试结果图如图 3 - 5 所示。

表 3 - 6　　　　　　　　　　OSNR 测试记录表

站　点	OSNR 要求指标（配置 EFEC）	测试结果	测试结论
T 站	≥8.6dB	8.9	满足传输要求

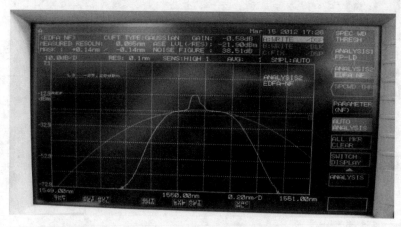

图 3 - 5　OSNR 测试结果图

3.1.1.2 现网测试实验

1. 测试仪表

测试仪表见表3－7。

表3－7　　　　　　　　　　　　　　　测　试　仪　表

序号	仪表名称	型　号	生产厂家	数量
1	高灵敏度光功率计	PMSⅡ－A型	Accelink	2
2	高功率光功率计	PMSⅡ－B型	Accelink	2
3	光纤端面检测仪	FIP－435B	EXFO	1
4	光纤端面检测仪	OFFM－FVO	Accelink	1

2. 测试设备

测试设备见表3－8。

表3－8　　　　　　　　　　　　　　　测　试　设　备

序号	设备名称	型　号	生产厂家	数量
1	2.5G FEC	OEO－16S22C34－UFEC	Accelink	2
2	EDFA－BA	OBA19	Accelink	2
3	EDFA－PA	OPA25	Accelink	2
4	RGU	RGU－G18C34A2	Accelink	2
5	RPU	RPU－P30C34	Accelink	2
6	DCM	DCM－C34－300	Accelink	2

3. 测试方案

GZ通信工程将开通G站～X站361km 2.5G SDH光路，临时方案设备配置如图3－6所示。

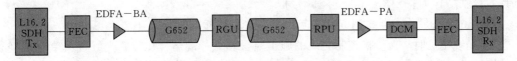

图3－6　临时方案设备配置示意图

详细设备配置如下：

2.5Gbit/s光接口板2块、EDFA－BA 2台、FEC编码设备2台、RGU 2台、RPU 2台、EDFA－PA 2台、色散补偿设备（DCM）2台、FEC译码设备2台。

G站～X站光缆线路长度为361km，距离接收端90km左右处增加RGU，在接收端增加RPU。2.5Gbit/s速率下，EDFA－BA的发送功率为19dBm，RGU的接收灵敏度是－44dBm，发送端至RGU的长度为271km，线路总衰耗为56.91dB，传输富裕度是19－（－44）－56.91＝6.09dB，富裕度中包含2dB的通道代价、2dB的光纤富裕度、0.5dB的连接器损耗；RGU的发送功率为－20dBm，RPU的接受灵敏度是－45dBm，RGU至接收端的长度为90km，线路总衰耗为18.9dB，传输富裕度是－20－（－47）－

18.9＝8.1dB，富裕度中包含 2dB 的通道代价、2dB 的光纤富裕度、0.5dB 的连接器损耗。

遥泵系统 *OSNR* 计算结果如下：

单段计算公式为

$$ONSR = 58 + P_{out} - NF - L$$

光终端复用设备（optical terminal multiplexer，OTM）段简易计算公式为

$$ONSR = 58 + P_{out} - NF - L - 10\lg N$$

遥泵系统相当于 2 段传输，中间是一台常规的 EDFA，噪声指数按 5dB 计算。带 EFEC 的系统 *OSNR* 指标要求大于 8dB，在实际系统测试，大于 6dB 就可以满足传输要求（10 的－12 次方）。遥泵系统 *OSNR* 计算结果见表 3－9。

表 3－9　　　　　　　　　　　遥泵系统 *OSNR* 计算结果

站　点	总发光功率/dBm	单波功率/dBm	收光门限/dBm	线路总衰耗/dB	接头损耗/dB	单段 *OSNR*/dB	OTM 段 *OSNR*/dB
RGU－G 站	19	19.0	－44.0	56.9	1	15.1	
RGU－X 站	－20	－20.0	－45.0	18.9	1	14.1	11.6

3.1.1.3　遥泵施工措施及预案

为减少施工难度，防止施工过程中出现反复，保证工程满足工期要求，考虑了如下施工措施及预案：

（1）本工程的光缆熔接方案较为复杂，为减少接续的难度，设计在"T"接点光缆熔接处选用四通接续盒，并指定了每根纤芯的用途。

（2）遥泵电路选用了 2 个 RGU 作为备用，若 RGU 安装过程中出现问题，可以及时更换。

（3）为使遥泵系统能够顺利稳定运行，设计对遥泵增益单元安装塔位进行选择时，考虑了施工预案。除选择离公路较近、条件较好的 4 号基塔作为遥泵增益单元安装塔，另外选择 8 号基塔作为备用塔。

（4）由于遥泵放大器泵浦光功率较大，对光纤熔接需注意以下要求：

1）光缆施工时，应严格控制光缆的施工质量和光纤的熔接质量，光纤接头单向熔接衰耗最好控制为小于 0.02dB/个，光缆线路建成后光纤单向衰减系数最好控制在 0.20dB/km 以内。

2）为了保证光纤的使用安全，使遥泵放大器工作在最佳状态，必须严格控制光缆线路光纤的衰耗与反射。在距离泵浦激光器 20 km 之内，除光纤配线架（optical distribution frame，ODF）具有活动连接头外，不能再出现其他活动连接头，所有光纤连接必须采用熔纤方式接续，光纤衰耗较小且均匀一致。连接断面反射系数不得大于－30dB。在距离泵浦激光器 0～10km 之内的光纤衰耗不能出现大于 0.1dB 的插损事件，10～20km 不能出现大于 0.2dB 的插损事件。

3.1.2　2.5G 相干系统建设实例——M 站～Z 站±800kV 特高压直流输变电工程

本项目依托 M 站～Z 站±800kV 特高压直流输变电工程通信线路，采用某公司 2.5G

3.1　2.5Gbit/s SDH 超长距离光传输系统建设

相干设备和放大器设备，利用 L 站和 C 站两个站间现有电力架空光缆线路，构成综合利用相干技术和 FEC、EDFA 放大器等技术的超长距离光传输试验系统。

3.1.2.1　实验室测试试验

主要模拟 M 站～Z 站直流项目的 L 站～C 站段现场的试验环境，在实验室进行模拟测试，为项目现场的开通做准备。

实验室测试所用设备如下所示：

2.5G 相干设备如图 3-7 所示。一个 2U 机框可以插入 2 个相干 FEC 板卡，机框可适用于 19 英寸和 21 英寸机架。该设备有 4 个端口，分别是线路侧端口 2 个，客户侧端口 2 个。

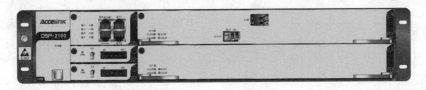

图 3-7　2.5G 相干设备

图 3-8 所示的 BA 和 PA 设备为光放子框，包含有功率放大器（optical booster amplifier，OBA）、前置放大器（optical pre amplifier，OPA）、集线器（HUB）和 2M 板卡。

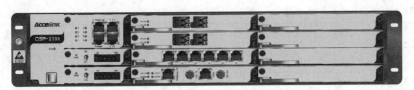

图 3-8　BA 和 PA 设备

1. 试验 1：350km 传输试验

（1）传输框图。350km 传输系统框图如图 3-9 所示。

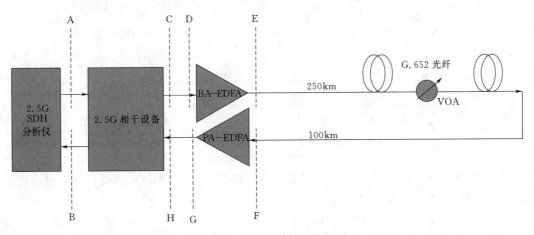

图 3-9　350km 传输系统框图

其中，2.5G SDH 分析仪为 2.5G 测试仪表。2.5G 相干设备为被测测设备。BA－EDFA 为功率放大器，用于提高入纤光功率。PA－EDFA 为前置放大器，用于小信号放大，提高接收灵敏度。VOA 为可变衰减器（varible optical attenuator）。所用光纤为低损耗 ULL 光纤。

配置说明：发送端 2.5G SDH 分析仪发送出的信号进入 2.5G 相干设备，在 2.5G 相干设备中实现 FEC 编码及 PM－QPSK 调制。

调制后的信号进入功率放大器 BA－EDFA 的输入端，BA－EDFA 输出光功率为 15dBm。

经过 350km 光缆和 VOA，进入前置放大器 PA－EDFA，PA－EDFA 输出光功率为 －27.4dBm。

最后信号进入 2.5G 相干设备的接收端进行相干解调及 FEC 解码恢复出原始数据，送入 2.5G 误码仪进行接收。

这种配置下，系统 $OSNR$ 为 1.60dB（图 3－10），因此设计满足要求。

（2）测试数据。系统测试数据见表 3－10。表 3－10 中数据均采用光功率计（optical power meter，OPM）测得。

参数	1号	2号
NF/dB	5	4
$GAIN$/dB	15	25
$SPAN$/dB	67.4	0
P_{in}/dBm	0	－52.4
P_{out}/dBm	15	－27.4
$OSNR$/dB	53.00	1.60

图 3－10　系统 $OSNR$ 计算

表 3－10　　　　　　　　　　　　　系 统 测 试 数 据

测 试 内 容	测试点	测试数据
350km 低损耗光纤衰耗/dB	—	60.9
VOA 衰减值/dB	—	6.5
光纤链路总损耗值：350km 低损耗光纤衰耗＋ VOA 衰减值/dB		67.4
2.5G 相干客户侧接收功率/dBm	A	－10
2.5G 相干客户侧发送功率/dBm	B	4.5
2.5G 相干线路侧发送功率/dBm	C	－0.2
BA－EDFA 接收光功率/dBm	D	－0.2
BA－EDFA 发送光功率/dBm	E	＋15.0
PA－EDFA 接收功率/dBm	F	－52.4
PA－EDFA 发送功率/dBm	G	－27.3
2.5G 相干线路侧接收功率/dBm	H	－27.0

（3）测试结果。2.5G 相干长距离传输系统误码挂机测试 44h 5min 无误码，误码仪测试配置和结果如图 3－11 所示。

2．试验 2：370km 传输试验（BA＋PA 方案）

（1）传输框图。测试系统传输框图如图 3－12 所示。

其中，2.5G SDH 分析仪为 2.5G 测试仪表。2.5G 相干设备为被测设备。BA－EDFA 为功率放大器，用于提高入纤光功率。PA－EDFA 为前置放大器，用于小信号放大，提高接收灵敏度。VOA 为可变衰减器。所用光纤为低损耗 ULL 光纤。

配置说明：发送端 2.5G SDH 分析仪发送出的信号进入 2.5G 相干设备，在 2.5G 相干设备中实现 FEC 编码及 PM－QPSK 调制。

图 3-11 误码仪测试配置和结果

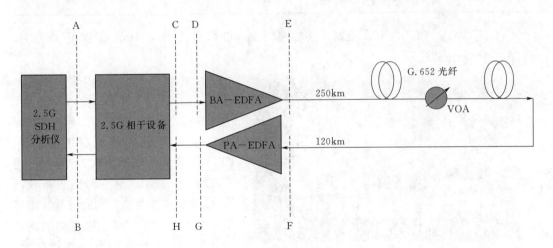

图 3-12 测试系统传输框图

调制后的信号进入功率放大器 BA 的输入端，BA 输出光功率为 15dBm。

信号经过 370km 光缆和可调衰减器 VOA，进入前置放大器 PA，PA 输出光功率为 －27.4dBm。

最后信号进入 2.5G 相干设备的接收端进行相干解调及 FEC 解码恢复出原始数据，送入 2.5G 误码仪进行接收。

（2）测试数据。系统测试数据见表 3-11。表 3-11 中数据均采用光功率计（OPM）测得。

表 3-11　　　　　　　　　　　　系 统 测 试 数 据

测 试 内 容	测试点	测试数据
370km 低损耗光纤衰耗/dB	—	64.5
VOA 衰减值/dB	—	3.0
光纤链路总损耗值：370km 低损耗光纤衰耗＋VOA 衰减值/dB	—	67.5

续表

测 试 内 容	测试点	测试数据
2.5G 相干客户侧接收功率/dBm	A	−10
2.5G 相干客户侧发送功率/dBm	B	4.5
2.5G 相干线路侧发送功率/dBm	C	−0.2
BA - EDFA 接收光功率/dBm	D	−0.2
BA - EDFA 发送光功率/dBm	E	+15.0
PA - EDFA 接收光功率/dBm	F	−52.5
PA - EDFA 发送光功率/dBm	G	−27.4
2.5G 相干线路侧接收功率/dBm	H	−27.0

（3）测试结果。2.5G 相干长距离传输系统误码挂机测试 66h 34min 无误码，误码仪测试配置和结果如图 3 - 13 所示。

图 3 - 13　误码仪测试配置和结果

3. 试验 3：2.5G 相干时延测试

搭建如图 3 - 14 所示的 2.5G FEC 时延测试平台，实验利用带测试时延功能的 2.5G 网络分析仪进行 2.5G FEC 背靠背（B2B）时延测试。将 2.5G FEC 的客户侧与网络分析仪的 2.5G 输出光口对接，同时需要注意网络分析仪和 2.5G FEC 客户侧的接收动态范围，因此在网络分析仪的 T_X 口和 2.5G FEC 的 T_X 口各加衰减值为 7dB 的固定光衰减器。再将 2.5G FEC 线路侧自环，自环时需注意线路侧的接收光功率不能过载，也不能超出接收机的灵敏度。因此，在线路侧的发送端或者接收端加一个 10dB 衰耗值的固定衰减器。在保证系统无误码的前提下，测试时延结果为：FEC 时延＝206 μs。

图 3 - 14　2.5G FEC 时延测试平台

搭建如图 3 - 15 所示的 2.5G 相干设备时延测试平台，实验利用带测试时延功能的 2.5G 网络分析仪进行 2.5G 相干设备背靠背（B2B）时延测试。同样将 2.5G 相干设备的客户侧与网络分析仪的光口对接，同时需要注意网络分析仪和 2.5G FEC 客户侧的接收动态范围，因此在网络分析仪的 T_X 口和 2.5G FEC 的 T_X 口各加衰减值为 7dB 的固定光衰减器。将 2.5G 相干设备的线路侧 T_X 连接到 VOA 的 IN 端，将 VOA 的 OUT 端连接到 2.5G 相干设备的线路侧 R_X，VOA 则用于调节 2.5G 相干设备的接收光功率。在保证系统无误码的前提下，测试时延结果为

$$(FEC+相干)总时延=208\ \mu s$$

$$相干时延=(FEC+相干)总时延-FEC 时延=208-206=2\ \mu s$$

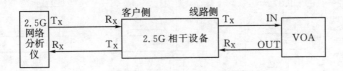

图 3-15　2.5G 相干设备时延测试平台

3.1.2.2　现网测试实验

1. 现场情况

测试地点：L 站，C 站。

光缆路由：L 站～C 站。

实验现场系统框图如图 3-16 所示。

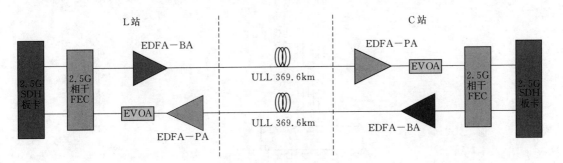

图 3-16　实验现场系统框图

该段线路的光缆长度和损耗光缆指标见表 3-12。

表 3-12　　　　　　　　　　　　光缆长度和损耗光缆指标

段落	速率	线路长度 /km	光纤衰减系数 /(dB/km)	光缆损耗 /dB	活接头衰耗 /dB	极限衰耗 /dB
L 站～C 站	2.5bit/s	369	0.175	64.575	1	67.5

现场实验使用 L 站～C 站 24 芯超低损 OPGW 光缆的 5 号纤芯和 6 号纤芯。其中，5 号纤芯用于 C 站至 L 站方向，6 号纤芯用于 L 站至 C 站方向，L 站～C 站光传输系统框图如图 3-17 所示。

其中，光缆类型为 ULL G.652 OPGW，光路总长度为 369km，光纤总衰耗为 64.575dB，平均衰减系数为 0.175dB/km。

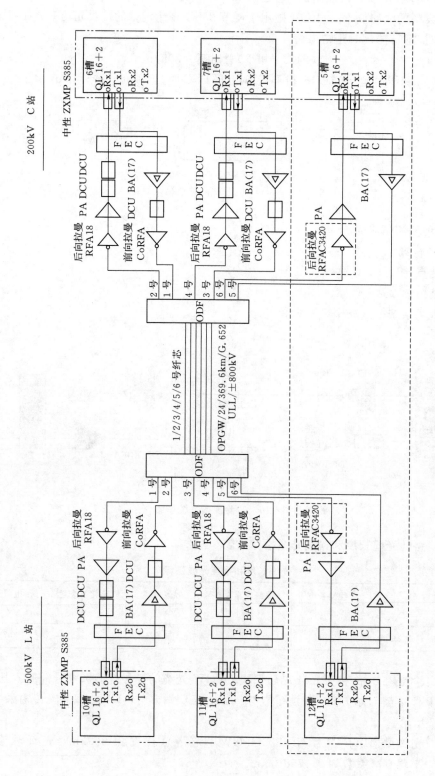

图 3-17　L 站～C 站光传输系统框图

2. 测试系统

（1）测试仪表。测试仪表见表 3 - 13。

表 3 - 13　　　　　　　　　　　测 试 仪 表

序号	仪表名称	型号	生产厂家	数量
1	高灵敏度光功率计	PMSⅡ - A 型	Accelink	2
2	高功率光功率计	PMSⅡ - B 型	Accelink	2
3	光纤端面检测仪	FIP - 435B	EXFO	1
4	光纤端面检测仪	OFFM - FVO	Accelink	1

（2）测试设备。测试设备见表 3 - 14。

表 3 - 14　　　　　　　　　　　测 试 设 备

序号	设备名称	型号	生产厂家	数量
1	2.5G 相干设备	UFEC16 - PSK/CIR	Accelink	2
2	EDFA - BA	OBA15	Accelink	2
3	EDFA - PA	OPA25	Accelink	2
4	EVOA	OSP - EVOA - 155 - 30 - 2	Accelink	2
5	RFA	RFAC3420	Accelink	2

2.5G 相干设备如图 3 - 18 所示。BA、PA 和 EVOA 如图 3 - 19 所示。

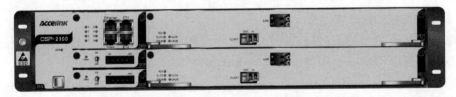

图 3 - 18　2.5G 相干设备

图 3 - 19　BA、PA 和 EVOA

3. 现网测试内容

试验内容包括：

（1）关键节点光功率测试。

（2）光缆损耗测试。

（3）相干 FEC 误码率。

（4）传输极限测试。

（5）误码性能测试。

4．实验结果

（1）关键节点光功率。关键节点光功率如图 3－20 所示。图 3－20 中光功率值均采用高灵敏度和高功率光功率计测得。

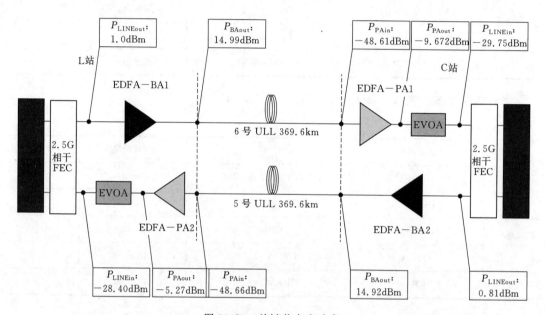

图 3－20　关键节点光功率

（2）光缆损耗。光缆损耗为

L 站～C 站：63.6dB（PBA_{out}：14.99dBm，PPA_{in}：－48.61dBm，数据均由 OPM 测得，线路损耗＝PBA_{out}－PPA_{in}＝14.99＋48.61＝63.6dB）。

C 站～L 站：63.58dB（PBA_{out}：14.92dBm，PPA_{in}：－48.66dBm，数据均由 OPM 测得，线路损耗＝PBA_{out}－PPA_{in}＝14.92＋48.66＝63.58dB）。

（3）2.5G 相干 FEC 误码率。2.5G 相干 FEC 误码率为

L 站 FEC 纠前误码率：2.58×10^{-6}，纠后误码率：0（网管数据）。

C 站 FEC 纠前误码率：1.64×10^{-8}，纠后误码率：0（网管数据）。

（4）传输极限数据。传输极限数据为

L 站～C 站：线路损耗 68.66dBm（PBA_{out}：16.3dBm，PPA_{in}：－52.36dBm，数据均由 OPM 测得，线路损耗＝PBA_{out}－PPA_{in}＝16.3＋52.36＝68.66dB），纠前误码率 1.15×10^{-4}（网管数据）。

C 站～L 站：线路损耗 66.98dBm（PBA_{out}：14.92dBm，PPA_{in}：－52.06dBm，数据均由 OPM 测得，线路损耗＝PBA_{out}－PPA_{in}＝14.92＋52.06＝66.98dB），纠前误码率 4.21×10^{-4}（网管数据）。

（5）误码性能。通过现网观察 24h，2.5G FEC 纠后无误码。

5. 现网测试总结

通过在 L 站～C 站现场的测试，验证了应用于 100G 光通信中的 PM－QPSK 调制技术和相干技术可以被应用在 2.5G 传输系统中；也验证了 2.5G PM－QPSK 相干系统实时传输的性能，经过验证采用 ULL 超低损耗光纤、BA＋PA 的简单配置，无需色散补偿，即可传输 369.6km（63.5dB）。

此系统直接与 SDH 设备测试得到其功能均正常，因此可用于实际电力超长距离传输系统中。

6. 设备布置图

（1）L 站机房。L 站机房设备如图 3－21 所示。上方 2U 子框从上至下的设备分别为：左侧第 1 槽位：EVOA，第 3 槽位：RFA（本项目暂未使用）；右侧第 1 槽位：OPA，第 2 槽位：OBA，第 3 槽位：HUB，第 4 槽位：E1 板卡。下方 2U 子框第 1 槽位是空挡班，第 2 槽位是相干 FEC。

图 3－21　L 站机房设备

（2）C 站机房。C 站机房设备如图 3－22 所示。上方 2U 子框第 1 槽位是空挡班，第 2 槽位是相干 FEC。下方 2U 子框从上至下的设备分别为：左侧第 1 槽位：EVOA，第 2 槽位：OPA，第 4 槽位：RFA（本项目暂未使用）；右侧第 1 槽位：OBA，第 3 槽位：E1 板卡，第 4 槽位：HUB。

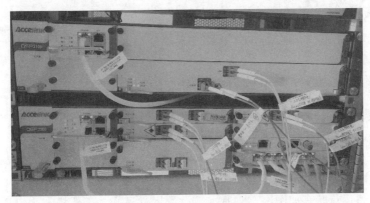

图 3－22　C 站机房设备

7. 现网运行状态

（1）L 站设备运行状态。2.5G 相干 FEC 设备运行状态如图 3 - 23 所示，设备运行良好，收发光功率均在设备允许范围内。

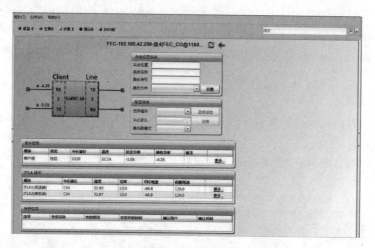

图 3 - 23　2.5G 相干 FEC 设备运行状态

OBA15 设备运行状态如图 3 - 24 所示，设备运行良好，工作模式为 APC 模式，输出光功率为 15dBm。

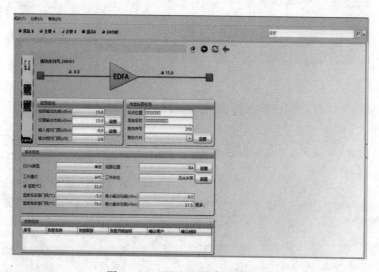

图 3 - 24　OBA15 设备运行状态

OPA25 设备运行状态如图 3 - 25 所示，设备运行良好，工作模式为 APC 模式，输出光功率为−5dBm。

（2）C 站设备运行状态。2.5G 相干 FEC 设备运行状态如图 3 - 26 所示，设备运行良好，收发光功率均在设备允许范围内。

OBA15 设备运行状态如图 3 - 27 所示，设备运行良好，工作模式为 APC 模式，输出光功率为 15dBm。

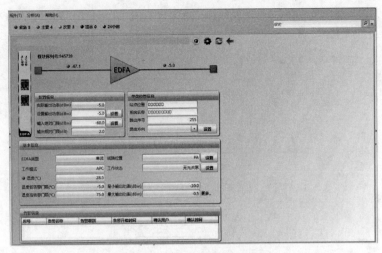

图 3 - 25   OPA25 设备运行状态

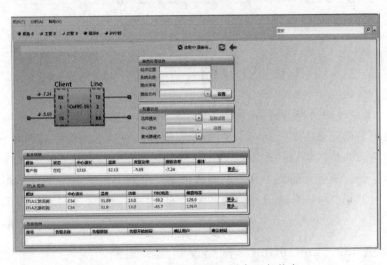

图 3 - 26   2.5G 相干 FEC 设备运行状态

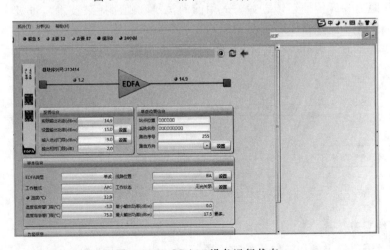

图 3 - 27   OBA15 设备运行状态

OPA25 设备运行状态如图 3-28 所示，设备运行良好，工作模式为 APC 模式，输出光功率为—9.5dBm。

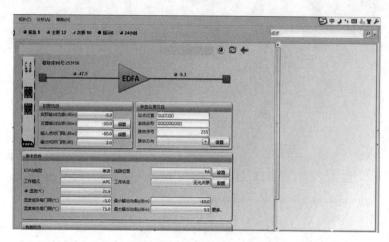

图 3-28　OPA25 设备运行状态

3.2　10Gbit/s SDH 超长距离光传输系统建设

10G SDH 国内现网运行链路中最长的为 398.9km，使用的是双向遥泵解决方案。本节介绍了只使用后向遥泵方案进行超长距离传输测试，使用后向随路遥泵传输 432.2km，使用后向随旁路遥泵技术可以传输 442.2km，均比在运最长链路更长。

根据实验室研究成果，研发了高阶泵浦放大器，并将其首次在现网中运用。同时测试了高阶拉曼放大器、高阶随路遥泵放大器和高阶随旁路遥泵放大器对系统的影响，并进行了对比。

3.2.1　实验室 432.2km 10Gbit/s 随路遥泵超长距离系统

作为超长距离光纤传输系统方案，采用前向拉曼和随路遥泵技术，可极大改善光纤通信系统的传输距离。通过在实验室搭建如图 3-29 所示的采用随路遥泵技术的超长距离光传输系统，实现单波 10Gbit/s 432.2km 的超长距离传输。

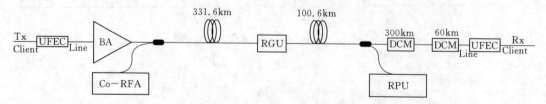

图 3-29　采用随路遥泵技术的 432.2km 超长距离光传输系统

3.2.1.1　系统配置

发送端：UFEC、BA 和前向拉曼放大器（counter raman fiber amplifier，CoRFA）。

线路中：RGU。

接收端：RPU、DCM 和 UFEC。

3.2.1.2 RGU 安装位置计算

RGU 在线路中的具体安装位置对系统的传输性能有着至关重要的影响，接下来将从理论与实验两方面对 RGU 的最佳放置位置进行研究。

在光通信传输系统中，影响误码率的主要是两类因素，一是功率，另一是光信噪比。由于 EDFA 在光传输系统中的成熟应用，光功率已不再是限制光通信传输距离的主要因素，如果功率不够，可以通过放大器对信号放大，则功率将不再受限，但是引入放大器的同时，也会引入噪声，放大器引入的越多，噪声积累也就越严重，$OSNR$ 劣化的也就会越严重，还有一种情况就是信号本身经过很大的衰减后再经过 EDFA 放大，由于此时信号本身的信噪比已经很小，经过放大器放大后，$OSNR$ 仍然会比较差，远程泵浦系统就属于此类型。远程泵浦系统的原理框图如图 3 - 30 所示。

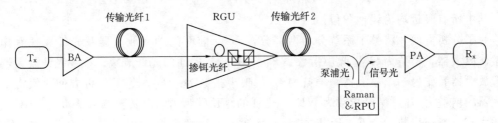

图 3 - 30　远程泵浦系统的原理框图

遥泵系统包含 BA、RGU、拉曼放大器（Raman Amplifier，RA）、PA 及两段传输光纤，相当于级联光传输系统。由于 ROPA 是一个动态光放大器，因此最佳的 RGU 位置和 RGU 光路设计能使系统输出端 $OSNR$ 最大化。根据 ITU - T Rec G. 692 和系统等效噪声指数定义可得出级联输出端 $OSNR$ 表达式。

在图 3 - 30 中，T_x 为信号发射模块，BA 为功率放大器，传输光纤 1 为 RGU 前面的传输光纤，传输光纤 2 为 RGU 后面的传输光纤，这部分光纤在同纤泵浦的远程泵浦系统中，既要传输信号，也要传输 RGU 需要的泵浦光，这部分光纤在传输泵浦光的过程中，会产生拉曼增益，RFA&RPU 模块是提供 1480nm 光的 RPU，PA 为前置放大器，Rx 为系统的接收模块。

在光传输系统中，$OSNR$ 的计算主要是通过"58 公式"实现的，即

$$OSNR = 58 + output\,power - loss - NF - 10\lg N$$

式中　$output\,power$——某信道入纤光功率；

　　　　$loss$——跨距损耗；

　　　　NF——光放大器的噪声指数；

　　　　N——跨段数目。

此公式适用于等跨距损耗的系统，对于非等跨距的系统，视 $N=1$，通过分布来计算即可。对于远程泵浦的 2.5Gbit/s SDH 系统，要想获得最佳的 $OSNR$，根据公式分析，要么信道的入纤功率比较高，要么光纤的损耗比较小，要么放大器的噪声指数比较低，或

者跨段数目比较少。对于入纤光功率,由于 SBS 及 SPM 的影响,入纤功率不能太高,对于有 SBS 抑制功能的发射模块,SPM 受限功率一般要求小于 23dBm,同时对于已经铺设好的线路,光纤的衰减也是无法改变的,因此要想改善系统的 $OSNR$,最有可能的做法是降低放大器的噪声指数。对于远程泵浦系统,实际上可以把其看作两段不等损耗的跨距系统,在两段光纤中间,是作为线路放大器的 RGU。

分析整个传输系统的 $OSNR$,其实就是分析整个系统的噪声指数,噪声指数的定义为:

$$NF = OSNR_{in} - OSNR_{out}$$

因此最终的光信噪比为

$$OSNR_{out} = OSNR_{in} - NF \tag{3-1}$$

对于 EDFA 级联系统,等效噪声计算公式为

$$NF = NF_1 + \frac{NF_2 - 1}{G_1} + \frac{NF_3 - 1}{G_1 G_2} + \cdots + \frac{NF_n - 1}{G_1 G_2 \cdots G_{n-1}} \tag{3-2}$$

其中所有参量均为线性单位。

为了分析方便,将整个系统分为两部分,RGU 前面的功率放大器及光纤衰减看作一个整体放大器,增益为 G_1,噪声指数 NF_1;RGU 及后面的光纤衰减、拉曼光纤放大器与前置放大器看作另一个放大器,增益为 G_2,噪声指数为 NF_2。为了分析方便,假定功率放大器的增益为 G_B,噪声指数为 NF_B;光纤的总长度为 L,总传输损耗为 T_{dB};RGU 的增益为 G,噪声指数为 NF,RGU 之前的传输光纤长度为 L_1,传输损耗为 $T_1 dB$;RGU 之后的传输光纤长度为 L_2,传输损耗为 $T_2 dB$,在 1480nm 波段的传输损耗为 $T_3 dB$,RPU 在光纤中产生的拉曼增益为 G_R,等效噪声指数为 NF_R;PA 的增益为 G_3,噪声指数为 NF_3。

对于无源的衰减器,其噪声指数等于本身衰减值,即

$$NF_1 = NF_B + \frac{10^{T_1/10} - 1}{G_B} \tag{3-3}$$

$$G_1 = G_B \times 10^{-T_1/10} \tag{3-4}$$

$$NF_2 = NF + \frac{10^{T_2/10} - 1}{G} + \frac{NF_R - 1}{G \times 10^{-T_2/10}} + \frac{NF_3 - 1}{G \times 10^{-T_2/10} \times G_R} \tag{3-5}$$

$$G_2 = G \times 10^{-T_2/10} \times G_R \times G_3 \tag{3-6}$$

对于整个传输系统而言,假定整体的噪声指数为 NF',则

$$NF' = NF_1 + \frac{NF_2 - 1}{G_1} \tag{3-7}$$

假如光纤在 1550nm 处的损耗系数为 α,单位为 dB/km,则有

$$T_1 = \alpha \times L_1 \tag{3-8}$$

$$T_2 = \alpha \times L_2 \tag{3-9}$$

对于传输光纤而言,光纤的损耗系数与波长四次方的倒数成正比,光纤在 1480nm 处的损耗系数将比 1550nm 处大 0.02dB/km,因此远程泵浦光经过 L_2 的光纤传输后,到达 RGU 处的泵浦光将为 $P_0 - (\alpha + 0.02) \times L_2$,单位为 dBm。

　　由于 RGU 的增益与噪声指数与进入 RGU 的泵浦功率密切相关，而泵浦功率与光纤损耗及光纤长度密切相关，同时，整体的噪声指数与 T_1 密切相关，因此，RGU 与 RPU 存在最佳的距离，满足此距离将得到最佳的 OSNR。

　　为了满足工程需要，需要对某些参数进行进一步的假定，假定传输总长度为 400km，功率放大器的增益为 22dB，噪声指数 5dB，输出功率为 22dBm，RPU 泵浦输出功率为 1W。

　　由于 RGU 在属于 1480nm 泵浦的小信号放大区，利用传统的数值计算方法计算 RGU 的增益与噪声指数误差会非常大，因此采用黑盒模型来计算 RGU 的增益与噪声指数，实验测得 RGU 增益与泵浦功率的关系曲线、RGU 噪声指数与泵浦功率的关系曲线分别如图 3-31 和图 3-32 所示。

　　由图 3-31 可以看出，RGU 增益受泵浦功率影响较大，特别是在泵浦功率低于 5dBm 时，RGU 主要表现为衰减。因此 RGU 位置如果放置不好，将大大影响系统性能。

　　由图 3-32 可以看出，当泵浦功率低于 6dBm 时，RGU 噪声指数将出现明显的恶化，如图 3-31、图 3-32 所示，泵浦功率在 RGU 系统中尽量不要小于 6dBm。

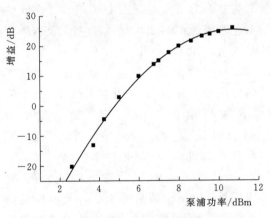

图 3-31　RGU 增益与泵浦功率的关系曲线

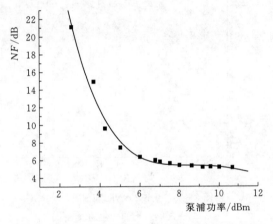

图 3-32　RGU 噪声指数与泵浦功率的关系曲线

　　根据泵浦功率与 RGU 的增益与噪声指数的关系，求得远程泵浦系统中最佳 OSNR 与光纤衰减系数的关系，如图 3-33 所示。

　　如图 3-33 所示随着光纤衰减系数的增大，最佳 OSNR 呈线性降低，当光纤衰减系数为 0.21dB/km 时，系统得到的最大 OSNR 为 10dB，增强型前向编码纠错 2.5Gbit/s SDH 系统的最小 OSNR 容限为 9.5dB（误码率 10×10^{-12}）。如果光纤损耗系数继续增大，对于 RPU 1W 输出的 400km 远程泵浦系统将不再适合。

　　对 RPU 与 RGU 最佳距离与光纤衰减的关系进行计算，其关系曲线如图 3-34 所示：

　　从图 3-34 可以看出，随着光纤衰减值的不断增加，RPU 与 RGU 之间的最佳距离逐渐缩小。对于电力系统的 OPGW 光纤光缆或实验室的光纤，其典型损耗系数大约为 0.2dB/km，RPU 与 RGU 之间的对应最佳距离为 101km。

　　另外在光纤衰减最典型值 0.20dB/km@1550nm 情况下，系统 OSNR 随 RPU&RGU 之间距离的变化曲线，如图 3-35 所示。

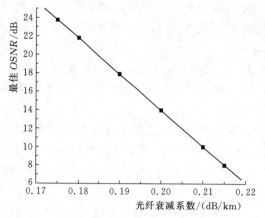

图 3 - 33　远程泵浦系统中最佳 OSNR
与光纤衰减系数的关系

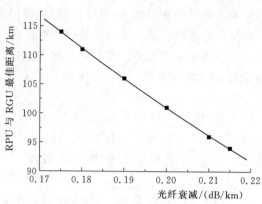

图 3 - 34　RPU 与 RGU 最佳距离
与光纤衰减的关系曲线

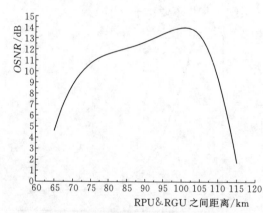

图 3 - 35　系统 OSNR 随 RPU & RGU
之间距离的变化曲线

从图 3 - 35 可以看出，当光纤损耗系数为 0.2dB/km 时，RPU & RGU 之间的最佳距离为 101km，此时对应的 OSNR 为最大值，即 13.96dB。

按照图 3 - 35 搭建实验系统，发射模块输出功率为 0dBm，带有 EFEC，其 OS-NR 编码增益为 8dB；BA 输出功率为 22dBm，增益为 22dB，噪声指数 5dB；光纤全长 400km，光纤损耗系数为 0.195dB/km@1550nm，RPU 为输出功率 1W、输出波长 1480nm 的泵浦模块，此远程泵浦系统为同纤泵浦方式，在光纤中产生的拉曼增益为 20dB，等效噪声指数为 −3dB，PA 的增益为 20dB，噪声指数为 4.5dB。另外，实验采用 300km 色散补偿模块。误码仪采用 Op - will6200 10G 误码分析仪。

实验中，将 RGU 分别放置在距 RPU 为 70km、75km、80km、85km、90km、95km、100km、105km 的位置，得到的 OSNR 及误码率见表 3 - 15。

表 3 - 15　　　　　　　　　不同位置情况下的 OSNR 与误码率

RPU 与 RGU 距离/km	70	75	80	85	90	95	100	105
实验测得的 OSNR/dB	8.9	9.9	10.9	11.95	12.6	13.5	13.8	13
误码率	$>10\times10^{-9}$	2×10^{-12}	$<1\times10^{-15}$	$<1\times10^{-15}$	$<1\times10^{-15}$	$<1\times10^{-15}$	$<1\times10^{-15}$	$<1\times10^{-15}$
备注				48h 无误码				

经过理论分析，得出了 RGU 最佳放置位置与光纤损耗系数的关系，指出了对于衰减系数为 0.2dB/km 的光纤及输出功率为 1W 的远程泵浦系统，RGU 的最佳放置位置是在

距 RPU 100km 左右的地方。实际上,这只是实验室的结果,在实际工程环境中,环境温度对光纤衰减系数、RGU 增益及噪声指数的影响还需要进行详细的研究。

因此在实际工程设计 ROPA 系统时需结合 RGU 和 RPU 综合设计系统结构,在最佳 RGU 位置和最优 RGU 光路结构条件下使得系统输出光信噪比最大化,从而有效降低误码率,提升系统的可靠性和稳定性。

3.2.1.3 配置说明

发送端 10G 业务信号进入 UFEC 客户侧输入端,UFEC 的线路侧输出端进入 BA 的输入端,再经过前向拉曼放大器,信号光和泵浦光共同进入第一段传输光纤,经过 331.6km 光纤线路,进入 RGU,信号光通过 RGU 内的掺铒光纤时被接收端 RPU 的泵浦光反向激励,实现信号放大。

经过 100.6km 光纤(RGU 与 RPU 之间的距离还需根据实际光纤长度决定),到达 RPU 处,然后送入接收端的 DCM 进行色散补偿,然后进入 UFEC 线路侧的输入端,从 UFEC 客户侧输出端进入接收机。

3.2.1.4 系统产品清单

系统各部件产品清单见表 3-16。

表 3-16　　　　　　　　　　　　　系统各部件产品清单

站点	设备名称	型号	数量
发送端	10G FEC 板卡	OEO - 64 - C - 4X - EFEC	1
	10G 线路侧光模块	OEO - C - Mod - 64 - 13 - C34	1
	10G 客户侧光模块	OEO - C - Mod - 64 - 02 - 1310	1
	功率放大器	EDFA17	1
	前向拉曼放大器	RFA10C34	1
中间站	RGU	RGU - G20CA	1
接收端	10G FEC 板卡	OEO - 64 - C - 4X - EFEC	1
	10G 线路侧光模块	OEO - C - Mod - 64 - 13 - C34	1
	10G 客户侧光模块	OEO - C - Mod - 64 - 02 - 1310	1
	RPU	RPU - P30C	1
	色散补偿光纤 DCF - 300	DCM - F - C - 300 - FC/UPC - 41	1
	色散补偿光纤 DCF - 60	DCM - F - C - 60 - FC/UPC - 41	1
网管中心	交换机	—	1
	服务器	—	1
	网管软件	—	1

3.2.1.5 系统产品性能参数

系统产品性能参数见表 3-17。

表 3 - 17 　　　　　　　　　　　　　　系 统 产 品 性 能 参 数

	设备名称	型 号	主 要 参 数
1	10G FEC 板卡	OEO - 64 - C - 4X - EFEC	编码增益：8.1dB
2	10G 线路侧光模块	OEO - C - Mod - 64 - 13 - C20	输入功率范围：-22～-8dBm
			输出功率范围：-1～4dBm
3	10G 客户侧光模块	OEO - C - Mod - 64 - 02 - 1310	输入功率范围：-14～-1dBm
			输出功率范围：-6～2dBm
4	功率放大器	EDFA17	输入功率范围：-6～-3dBm
			输出功率范围：1～17dBm
			典型增益：17dB
			噪声指数：≤5.5dB $G=17dB, P_{in}=3dBm$ @25℃
5	前向拉曼放大器	RFA10C34	输入功率范围：5～21dBm
			泵浦功率：≤800mW
			典型开关增益：10dB
6	RGU	RGU - G20CA	输入功率范围：-450～-15dBm
			输出功率范围：-13～2dBm
			典型增益：20dB
			噪声指数：≤6.5dB
7	RPU	RPU - P30CA	泵浦输出功率≥30dBm
8	色散补偿光纤 DCF - 300	DCM - F - C - 300 - FC/UPC - 41	插入损耗≤5dB 通常建议单波长输入功率≤4dB
9	色散补偿光纤 DCF - 60	DCM - F - C - 60 - FC/UPC - 41	插入损耗≤55dB 通常建议单波长输入功率≤4dB

3.2.1.6　系统测试数据

1. 测试记录

关键点光功率测试结果见表 3 - 18。

表 3 - 18 　　　　　　　　　　　　　关键点光功率测试结果

关键点	描　　述	功率值 /dBm	主要设备增益或损耗（根据功率值计算） /dB
1	BA 输入光功率	-4.5	—
2	BA 输出光功率	11.9	BA 增益：16.4
3	RGU 输入光功率	-39.43	前向 RFA 开关增益：8.7
4	RGU 输出光功率	-15.13	RGU 增益：24.3
5	RGU 输入泵浦功率	10.96	—

续表

关键点	描述	功率值/dBm	主要设备增益或损耗（根据功率值计算）/dB
6	RPU 输入光功率	−5.8	—
7	RPU 输出光功率	−7.8	—
8	DCF 输出光功率	−15	DCF 损耗：7.2

2. 测试结果

第一段光纤损耗：59.29dB；第二段光纤损耗：17.54dB；总损耗：76.83dB。单波 10Gbit/s 超长单跨距 ROPA 系统挂机测试的线路损耗为 76.83dB，线路长度约为 432.2km。

3. FEC 客户侧线路侧性能参数

客户侧接收光功率：−5.77dBm；客户侧发送光功率：−1.04dBm；线路侧接收光功率：−15.04dBm；线路侧发送光功率：1.54dBm。

4. 误码率

单波 10G 信号的光线路侧纠错前误码率见表 3−19。

表 3−19　　　　　　　　　　单波 10G 信号的光线路侧纠错前误码率

波道号	波长/nm	线路侧纠错前误码率
C34	1550.12	5.13×10^{-4}

5. 误码测试

单波 10G 432.2km 长距离系统挂机测试（1550.12nm 通道）24h14min 无误码，误码仪测试配置和结果如图 3−36 所示。

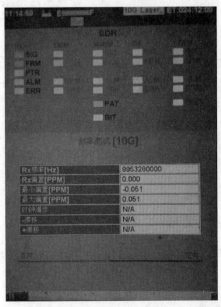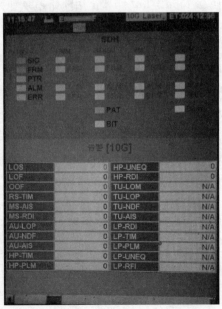

图 3−36　误码仪测试配置和结果

本次超长距光传输系统实验利用 ULL 光纤，采用随路遥泵的方式，利用具有 SBS 功能的高编码增益的 FEC，实现了 432.2km 的传输，通过了 24h 无误码测试，为后续 10G 400km 长距离光传输系统积累了经验。同时，该系统采用了具有编码增益 10dB 的 FEC，并集成了 SBS 抑制技术，使得发光功率可达 17dBm。

3.2.2　实验室 442.2km 单波 10Gbit/s 随路＋旁路遥泵超长距光传输系统

在实验室使用随路＋旁路遥泵，搭建 442.2km 单波 10Gbit/s 随路＋旁路遥泵超长光传输系统，如图 3-37 所示实现 442.2km 的超长距光传输。

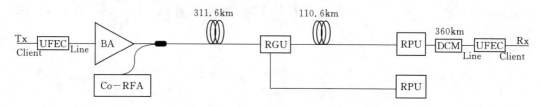

图 3-37　442.2km 单波 10Gbit/s 随路＋旁路遥泵超长距光传输系统

3.2.2.1　系统配置

发送端：UFEC、BA 和 CoRFA。

线路中：随路＋旁路 RGU。

接收端：随路 RPU、旁路 RPU、DCM 和 UFEC。

3.2.2.2　RGU 安装位置计算

远程泵浦单元输出功率 30.5dBm，光纤损耗 0.176dB/km@1550nm，对于 1480nm 线路按损耗 0.196dB/km 计算，用随路遥泵和旁路遥泵同时提供泵浦，要使两路泵浦能量和到达 RGU 处达到 10dBm，则每路泵浦能量到达 RGU 为 7dBm。则 RGU 与 RPU 的距离 $L = (30.5-7.0)/0.196 = 119.9km$。

在此处 RGU 与 RPU 的距离选取为 110.6km。到达 RGU 的泵浦功率为 11.8dBm。

3.2.2.3　配置说明

发送端 10G 业务信号进入 FEC 客户侧输入端，从 FEC 线路侧输出端进入 BA 的输入端，再经过前向拉曼放大器，信号光和泵浦光共同进入第一段传输光纤，经过 331.6km 光纤线路，进入 RGU。光信号通过 RGU 内的掺铒光纤时被接收端 RPU 的残余泵浦光反向激励，实现信号放大；再经过 110.6km 光纤，到达 RPU 处，然后送入接收端的 DCM 进行色散补偿，之后进入 FEC 线路侧的输入端，再从 FEC 客户侧输出端进入接收机。

3.2.2.4　系统产品清单

系统产品清单见表 3-20。

3.2.2.5　系统产品性能参数

系统产品性能参数见表 3-21。

表 3-20   系 统 产 品 清 单

站点	设备名称	型号	数量
发送端	10G FEC 板卡	OEO-64S17C34-UFEC	1
	功率放大器	EDFA17	1
	前向拉曼放大器	RFA10C34	1
中间站	RGU	RGU-G18C34C	1
接收端	10G FEC 板卡	OEO-64S17C34-UFEC	1
	RPU	RPU-P30C34	2
	前置放大器	OPA25	1
	色散补偿光纤 DCF-300	DCM-F-C-300-FC/UPC-41	1
	色散补偿光纤 DCF-60	DCM-F-C-60-FC/UPC-41	1

表 3-21   系 统 产 品 性 能 参 数

设备名称	型号	主要参数
10G FEC 板卡	OEO-64S17C34-UFEC	编码增益：9.7dB
功率放大器	EDFA17	输入功率范围：-6~-3dBm
		输出功率范围：1~17dBm
		典型增益：17dB
		噪声指数：$\leqslant$5.5dB $G=17dB, P_{in}=3dBm$ @25℃
前向拉曼放大器	RFA10C34	输入功率范围：5~21dBm
		泵浦功率：$\leqslant$800mW
		典型开关增益：10dB
远程增益单元 RGU	RGU-G18C34C	输入功率范围：-450~-15dBm
		输出功率范围：-13~2dBm
		典型增益：20dB
		噪声指数：$\leqslant$6.5dB
远程泵浦单元 RPU	RPU-P30C34	泵浦输出功率：$\geqslant$30dBm
色散补偿光纤 DCF-300	DCM-F-C-300-FC/UPC-41	插入损耗：$\leqslant$5dB 通常建议单波长输入功率：$\leqslant$4dB
色散补偿光纤 DCF-60	DCM-F-C-60-FC/UPC-41	插入损耗：$\leqslant$55dB 通常建议单波长输入功率：$\leqslant$4dB

3.2.2.6 系统测试数据

1. 测试记录

关键点光功率测试数据的测试记录见表 3-22。

表 3 - 22
　　　　　　　　　　　　关键点光功率测试数据

表 3 - 22

关键点	描　　述	功率值/dBm	主要设备增益或损耗（根据功率值计算）/dB
1	BA 输入光功率	-4.5	—
2	BA 输出光功率	11.9	BA 增益：16.4
3	RGU 输入光功率	-39.43	前向 RFA 开关增益：8.7
4	RGU 输出光功率	-15.13	RGU 增益：24.3
5	RGU 输入泵浦功率	10.96	—
6	RPU 输入光功率	-5.8	—
7	RPU 输出光功率	-7.8	—
8	DCF 输出光功率	-15	DCF 损耗：7.2

2. 测试结果

第一段光纤损耗：59.29dB；第二段光纤损耗：19.40dB；总损耗：78.69dB。

单波 10Gbit/s 超长单跨距 ROPA 系统挂机测试的线路损耗为 78.69dB，线路长度约为 442.2km。

3. FEC 客户侧线路侧性能参数

客户侧接收光功率：-5.77dBm；客户侧发送光功率：-1.04dBm；线路侧接收光功率：-15.04dBm；线路侧发送光功率：1.54dBm。

4. 误码率

单波 10G 信号光线路侧纠错前误码率见表 3 - 23。

表 3 - 23　　　　　　　　　　　光线路侧纠错前误码率

波道号	波长/nm	线路侧纠错前误码率
C34	1550.12	5.13×10^{-4}

图 3 - 38　单波 10G 442.2km 超长距离系统误码
测试系统截图

5. 误码测试

单波 10G 442.2km 长距离系统挂机测试（1550.12nm 通道）24h30min 无误码，系统截图如图 3 - 38 所示。

该超长距离光传输系统实验室利用 ULL 光纤，采用旁路遥泵加随路遥泵的方式，利用具有 SBS 功能的高编码增益 FEC，实现了 442.2km 的传输，通过了 24h 无误码测试，为后续 10G 400km 长距离光传输系统积累了经验。同时，该系统采用了具有编码增益 10dB 的 FEC，并集成了 SBS 抑制技术，使得发光功率可达 17dBm。

6. 实验室测试仪表设备

单波 10Gbit/s 超长距离系统传输仪表、设备、物料见表 3-24。

表 3-24　　　　　　　　　　单波 10Gbit/s 超长距离系统传输仪表设备

设 备 名 称	型　　号	备　　注
手持光功率计（33dBm）	PMSⅡ-B	用于测试 33dBm 范围的光功率
手持光功率计（10dBm）	PMSⅡ-A	用于测试小于-50dBm 的光功率
10Gbps 误码仪	SunSet10G+	测试 10G 业务传输误码率
光谱分析仪	Agilent 86142B	测试线路设备的性能参数和 OSNR
5U 机箱	OSP-5000	光放大器设备集成机框
端面检测仪/清洁设备	LE264	用于检测和清理光纤端面
跳线	FC-FC、FC-LC、LC-LC 等型号	设备之间的光纤端面连接
其他	机架类设备、OSP 设备、仪表电源线	机架类设备、OSP 设备、仪表电源线

7. 实验室测试环境

单波 10G 442.2km 超长距离光传输系统现场测试环境如图 3-39 所示。

图 3-39　单波 10G 442.2km 超长距离光传输系统现场测试环境

3.2.3　现网 10Gbit/s 高阶泵浦超长距离系统建设——S 站~D 站±800kV 特高压直流输电工程

本项目依托 S 站~D 站±800kV 特高压直流输电工程配套光纤通信工程线路，于 2017 年 9 月，采用前、后向二阶拉曼放大器和二阶遥泵放大器产品，利用 SD 站和 WJ 站段落 OPGW 光缆，综合利用 FEC、EDFA 和拉曼放大技术搭建高阶泵浦超长距离光传输试验系统。

本项目先在实验室进行验证测试，依据测试结果对实验方案进行优化，再在现网进行正式测试。

3.2.3.1　实验室测试-系统搭建

主要模拟 S 站~D 站直流项目的 WJ 站~SD 站段现场的试验环境，搭建实验平台，验证项目方案的可行性，高阶泵浦系统框图如图 3-40 所示。

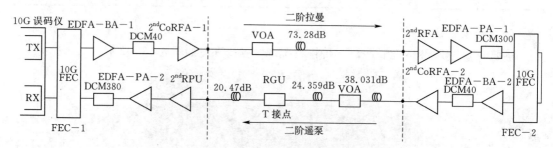

图 3-40　高阶泵浦实验系统框图

3.2.3.2　实验设备和仪表

测试所用设备见表 3-25。

表 3-25　　　　　　　　　　　测 试 所 用 设 备

设　备	型　号
误码仪	10G EXFO
测试单盘	10G FEC（SBS）
放大器	BA17、二阶前后向 RFA、二阶 ROPA
DCM（色散补偿模块）	DCM40、DCM60、DCM80、DCM120
光纤	超低损光纤 G.652D（0.177dB/km@1550nm）

1. 二阶遥泵放大器

二阶遥泵放大器如图 3-41 所示，二阶遥泵放大器整机是一个 2U 机框结构，可适用 19 英寸和 21 英寸机架。该设备具有两个业务板卡：13××nm 泵浦单元和 14××nm 泵浦单元。本项目中使用的是后向随路二阶遥泵放大器，用于系统的接收端。

2. 二阶前向拉曼放大器

二阶前向拉曼放大器如图 3-42 所示，该设备整机是一个 2U 机框结构，可适用 19 英寸和 21 英寸机架。该设备具有两个业务板卡：13××nm 泵浦和 14××nm 泵浦单元。该设备输出的泵浦光与输入的信号光同向传输,用于系统的发送端。

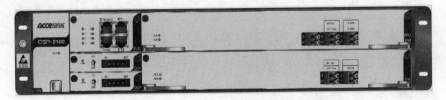

图 3-41　二阶遥泵放大器

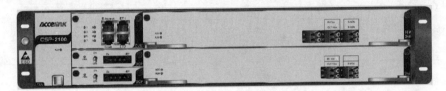

图 3-42　二阶前向拉曼放大器

二阶前向拉曼放大器光学指标见表 3-26。

表 3-26　　　　　　　　　　　二阶前向拉曼放大器光学指标

参　　数	指　　标	备　注
工作光波长范围/nm	1550.12±0.4	
输入光功率范围/dBm	0~20	
开关增益/dB	12	
插入损耗/dB	≤1.2	
工作模式	APC/APPC	
泵浦功率/mW	≥1000	14××nm 泵浦
	≥1600	13××nm 泵浦
偏振相关增益/dB	<0.5	

3. 二阶后向拉曼放大器

二阶后向拉曼放大器如图 3-43 所示,该设备整机是一个 2U 机框结构,可适用 19 英寸和 21 英寸机架。该设备具有两个业务板卡:13××nm 泵浦和 14××nm 泵浦单元。该设备输出的泵浦光与输入的信号光反向传输,用于系统的接收端。

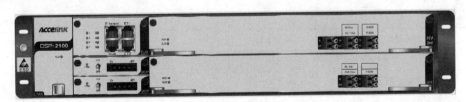

图 3-43　二阶后向拉曼放大器

二阶后向拉曼放大器光学指标见表 3-27。

表 3 - 27　　　　　　　　　　　二阶后向拉曼放大器的光学指标

参　数	指　标	备　注
工作光波长范围/nm	1550.12±0.4	
输入光功率范围/dBm	−55～−35	
无光告警门限/dBm	−56	
开关增益/dB	27	
噪声指数/dB	−4.3	测试光纤 G.652D，光纤衰耗小于 0.21dB/km
插入损耗/dB	≤5	
工作模式	APC/APPC	
泵浦功率/mW	≥1000	14××nm 泵浦
	≥1600	13××nm 泵浦
偏振相关增益/dB	<0.5	

4. FEC、BA、PA 和 DCM（2U）

图 3 - 44 的 2U 机框为光放子框，包含有 10G 带 SBS 抑制功能的 FEC、功率放大器（OBA）、前置放大器（OPA）、DCM 和 HUB。

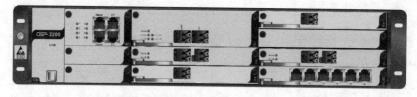

图 3 - 44　光放子框

FEC 用户侧和客户侧的光口指标见表 3 - 28 和表 3 - 29。

表 3 - 28　　　　　　　　　　　FEC 用户侧光口指标

参　数	最小值	典型值	最大值	单位
接收				
工作速率		9.953		Gb/s
接收光波长	1260		1565	nm
接收灵敏度			−14	dBm
接收过载点	−3			dBm
无光告警点	−30		−22	dBm
发送				
输出光中心波长	1260	1310	1360	nm
谱宽			4	nm
平均发射光功率	−10	−5	3	dBm
传输距离（代价小于 2dB）		2	10	km

表 3 - 29   **FEC 客户侧光口指标**

参　数	最小值	典型值	最大值	单位
接　　收				
接收光波长	1528		1564	nm
接收灵敏度			−22	dBm
接收过载点	−9			dBm
无光告警点	−40			dBm
发　　射				
输出光中心波长		1550.12		nm
−20dB 谱宽			0.3	nm
边模抑制比	30			dB
平均发射光功率	−5		7	dBm
传输距离（代价小于 2dB）			80	km

OBA 光学指标见表 3 - 30。

表 3 - 30   **OBA 光学指标**

参　数	单位	指标	备　注
工作波长	nm	1529～1565	
输入光功率	dBm	−6～3	
输出光功率	dBm	12/17/19/22	输出光功率根据用户所定型号的不同而不同，对于型号 OBA17，其输出功率是 17dBm，对于 OBA22，其输出功率是 22dBm
噪声指数	dB	≤5.5	
偏振相关增益	dB	≤0.5	
控制模式		APC	

OPA 的光学指标见表 3 - 31。

表 3 - 31   **OPA 光学指标**

参　数	单位	指标	备　注
工作波长	nm	1550.12±0.4	
输入光功率	dBm	−45～−20	
输出光功率	dBm	−10～0	输出光功率在 −10～0dBm 之间可调，输入功率≤−30dBm，输出功率只能达到 −10dBm
噪声指数	dB	≤4.5	
偏振相关增益	dB	≤0.5	
控制模式		APC	

DCM 的光学指标见表 3 - 32。

表 3 - 32　　　　　　　　　　　　　　　　　**DCM 光 学 指 标**

参 数	单位	指 标	备 注
工作波长	nm	1550.12±0.4	
色散量	ps/nm	−680、−1020、−1360、−1700、−2040、−3400、−5100	
补偿公里数	km	40、60、80、100、120、200、300	@G.652 光纤
时延抖动量	ps	[−30, 30]	
带内插入损耗	dB	≤3.5	@补偿公里数 40、60、80、100
		≤7	@补偿公里数 120、200
		≤10.5	@补偿公里数 300
偏振模色散	ps	≤2	
偏振相关损耗	dB	≤0.5	
波长漂移（−10～70℃）	nm	≤0.07	

3.2.3.3　测试实验

实验同时测试了高阶拉曼放大器、高阶随路遥泵放大器和高阶随旁路遥泵放大器对系统的影响，并进行对比，得出结论。

1. 实验 1：二阶拉曼传输实验

（1）传输拓扑。二阶拉曼系统传输拓扑如图 3 - 45 所示。

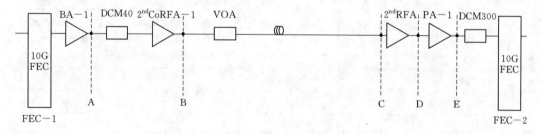

图 3 - 45　二阶拉曼系统传输拓扑图

其中，10G FEC 为 10G 速率前向纠错编码收发器；2^{nd}CoRFA 为二阶前向拉曼放大器，用于发送端信号光功率放大；2^{nd}RFA 为二阶后向拉曼放大器，用于接收端信号光功率放大；BA - EDFA 为功率放大器，用于提高入纤光功率；PA - EDFA 为前置放大器，用于小信号光功率放大，提高接收灵敏度；DCM 为色散补偿器，用于接收信号的色散补偿；VOA 为可变衰减器；所用光纤为超低损耗光纤 ULL。

（2）功率配置。二阶拉曼泵浦功率配置见表 3 - 33。

表 3 - 33　　　　　　　　　　　　　　　　**二阶拉曼泵浦功率配置**

设　备	13××nm	14××nm
前向二阶拉曼泵浦光功率	31dBm	4×100mW
后向二阶拉曼泵浦光功率	31dBm	700mW（APC）

（3）测试数据。各点光功率测试数据见表 3-34。

表 3-34　　　　　　　　　　　　　各点光功率测试数据

测 试 内 容	测试数据
光纤链路总损耗值：357.679km 低损耗光纤衰耗＋VOA 衰减值	73.28dB
BA-EDFA 发送光功率	7.05dBm
2ndCoRFA 输出信号光功率	4.24dBm
2ndCoRFA 接收功率	−19.8dBm
2ndRFA 接收功率	−48.89dBm
PA-EDFA 接收光功率	−20.65dBm
PA-EDFA 发送光功率	0.095dBm
2ndCoRFA 开关增益	21.05dB
2ndRFA 开关增益	32.57dB

（4）测试结果。10G 二阶拉曼长距传输系统误码挂机测试 44h 无误码，误码仪挂机测试配置和结果如图 3-46 所示。

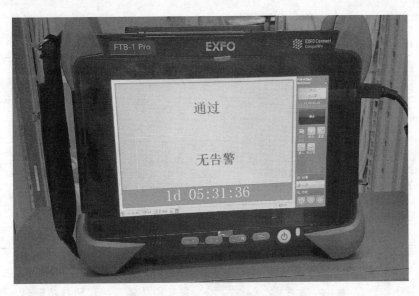

图 3-46　误码仪挂机测试配置和结果图

2. 实验 2：二阶随路遥泵传输试验

（1）传输拓扑。二阶随路遥泵系统传输拓扑图如图 3-47 所示。

其中，10G FEC 为 10G 速率前向纠错编码收发器；2^{nd}CoRFA 为二阶前向拉曼放大器，用于发送端信号光功率放大；2^{nd}RPU 为远程泵浦单元，用于提供 RGU 正常工作所需要的泵浦光；RGU 为远程增益单元，用于提供遥泵需要的增益介质；BA-EDFA 为功率放大器，用于提高入纤光功率；PA-EDFA 为前置放大器，用于小信号光功率放大，提高接收灵敏度；DCM 为色散补偿器，用于接收信号的色散补偿；VOA 为可变衰减器；

所用光纤为超低损耗光纤 ULL。

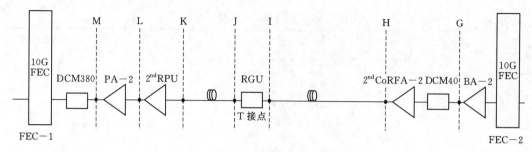

图 3 - 47 二阶随路遥泵系统传输拓扑图

（2）功率配置。二阶泵浦功率配置见表 3 - 35。

表 3 - 35　　　　　　　　　二 阶 泵 浦 功 率 配 置

设 备	13××nm	14××nm
前向二阶拉曼泵浦光功率	32dBm	4×75mW
后向二阶 RPU 泵浦光功率	32dBm	29dBm

（3）测试数据。各点光功率测试数据见表 3 - 36。

表 3 - 36　　　　　　　　　各 点 光 功 率 测 试 数 据

测 试 内 容	测试点	测试数据
光纤链路总损耗值：457.736km ULL	—	82.86dB
BA - EDFA - 2 发送光功率	G	8.7dBm
2ndCoRFA 输出信号光功率	H	5.92dBm
RGU 输入信号光功率	I	−39.4dBm
RGU 接收输出端接收泵浦光功率	J	8.45dBm
PA - EDFA - 2 接收光功率	L	−14dBm
PA - EDFA - 2 发送光功率	M	0.103dBm
2ndCoRFA 开关增益	—	18.91dB

图 3 - 48 误码仪挂机测试配置和结果图

（4）测试结果。10Gbit/s 二阶随路遥泵长距传输系统误码挂机测试 43h 无误码，误码仪挂机测试配置和结果如图 3 - 48 所示。

3. 实验 3：二阶随旁路遥泵传输实验

（1）传输拓扑。二阶随旁路遥泵系统传输拓扑图如图 3 - 49 所示。

其中，10G FEC 为 10G 速率前向纠错编码收发器；2ndCoRFA 为二阶前向拉曼放大器，用于发送端信号光功率放大；

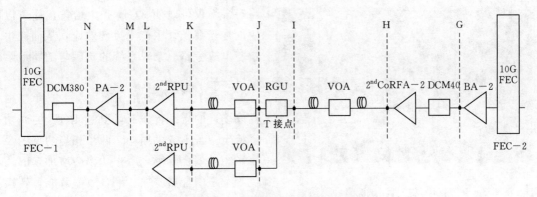

图 3-49 二阶随旁路遥泵系统传输拓扑图

2ⁿᵈRPU 为远程泵浦单元，用于提供遥泵需要的泵浦光；RGU 为远程增益单元，用于提供遥泵需要的增益介质；BA-EDFA 为功率放大器，用于提高入纤光功率；PA-EDFA 为前置放大器，用于小信号光功率放大，提高接收灵敏度；DCM 为色散补偿器，用于接收信号的色散补偿；VOA 为可变衰减器；所用光纤为超低损耗光纤 ULL。

（2）功率配置。二阶泵浦功率配置见表 3-37。

表 3-37　　　　　　　　　　二 阶 泵 浦 功 率 配 置

设　　　备	13××nm	14××nm
前向二阶拉曼泵浦光功率	32dBm	4×75mW
后向二阶 RPU 泵浦光功率	32dBm	29dBm

（3）测试数据。各点光功率测试数据见表 3-38。

表 3-38　　　　　　　　　　各点光功率测试数据

测　试　内　容	测试数据
光纤链路总损耗值：457.736km ULL	84.831dB
BA-EDFA-2 发送光功率	6.77dBm
2ndCoRFA 输出信号光功率	3.97dBm
RGU 输入信号光功率	−39.22dBm
RGU 输出端接收随路泵浦光功率	6.30dBm
RGU 输出端接收旁路泵浦光功率	6.24dBm
PA-EDFA-2 接收光功率	−18.33dBm
PA-EDFA-2 发送光功率	0.02dBm
2ndCoRFA 开关增益	20.17dB

（4）测试结果。10Gbit/s 二阶随旁路遥泵长距离传输系统误码挂机测试 24h 无误码，误码仪挂机测试配置和结果如图 3-50 所示。

3.2.3.4　实验结果分析

由于旁路遥泵只能使泵浦到 RGU 的光功率更大，无法在光纤中产生拉曼效应。而随

图 3-50　误码仪挂机测试配置和结果图

路遥泵不仅可以使 RGU 产生增益，还可以使信号光在光纤中产生拉曼效应，从而产生增益。故旁路遥泵对系统的贡献与随路遥泵无可比性。

旁路 RPU 和随路 RPU 经过长度与损耗都接近的光纤传输后，到达 RGU 的光功率相当。若不考虑损耗，两个相当功率的泵浦光经过耦合器耦合后光功率会增加 3dB。

考虑耦合器差损、耦合效率及能量转换效率，增加一个旁路遥泵，对系统的提升效

果为 2dB 左右，与实验结果吻合。

结论：二阶随旁路遥泵系统比二阶随路遥泵系统传输距离远 1.971dB，与一阶随旁路遥泵系统比一阶随路遥泵系统的提升效果相当。

3.2.3.5　现网测试条件

1. 现场情况

实验系统拓扑如图 3-51 所示。

测试地点：SD 站，WJ 站；

光缆路由：SD 站～WJ 站 OPGW 光缆线路。

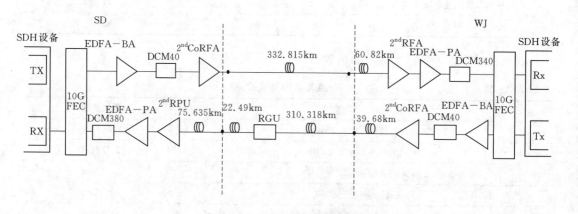

图 3-51　实验系统拓扑图

该项目使用 WJ 站～SD 站 24 芯超低损（ULL）OPGW 光缆的 7 号纤芯和 9 号纤芯。其中，7 号纤芯用于 SD 站至 WJ 站方向二阶拉曼线路，9 号纤芯用于 WJ 站至 SD 站方向二阶遥泵线路。原 OPGW 线路设计总长度 346km，实际光纤长度为 332.8km，线路衰耗 59.6dB，在测试系统极限时采用入纤 ODF 架串接同类型的 ULL G.652 光纤盘的方式，延长传输距离，增加传输跨损。遥泵放大器 RGU 部分安装在离 SD 站 22.5km 的铁塔上，在 SD 站机房放置约 75km 裸光纤，从而延长 RGU 和 RPU 之间的距离。

光缆类型：ULL G.652 OPGW ＋ ULL G.652 光纤盘。

118

线路总长度:

(1) 原 OPGW 线路长度约 332.8km,衰耗约 59.6dB。

(2) SD 站～WJ 站方向串接线路长度 60.82km,衰耗 10.92dB。

(3) WJ 站-SD 站方向串接线路长度 115.315km,衰耗 20.8dB。

2. 测试系统

搭建实验电路所用的试验设备型号见表 3-39。

表 3-39　　　　　　　　　　　试 验 设 备 型 号

序号	设备名称	型　号	生产厂家	数量
1	EDFA - BA	OBA12	Accelink	2
2	EDFA - PA	OPA25	Accelink	2
3	二阶前向拉曼	RFAC3412CO	Accelink	2
4	二阶后向拉曼	RFAC3430	Accelink	1
5	二阶遥泵 RPU	RPU - PXXC34(2 阶)	Accelink	1
6	RGU	RGU - G18C34A	Accelink	1
7	DCM	DCM - C34 - 40	Accelink	2
8	DCM	DCM - C34 - 80	Accelink	1
9	DCM	DCM - C34 - 300	Accelink	2
10	HUB	HUB - 6	Accelink	2

试验系统开通、调试所用的测试仪表见表 3-40。

表 3-40　　　　　　　　　　　测 试 仪 表

序号	仪表名称	型　号	生产厂家	数量
1	高灵敏度光功率计	PMSⅡ - A 型	Accelink	2
2	高功率光功率计	PMSⅡ - B 型	Accelink	2
3	光纤端面检测仪	FIP - 435B	EXFO	1
4	光纤端面检测仪	OFFM - FVO	Accelink	1
5	SDH 分析仪	FTB - 1	EXFO	1
6	OTDR	FTB - 2 Pro	EXFO	1

3. 机柜面板图

WJ 站电站试验机框面板图如图 3-52 所示。该机柜采用两个电源分配单元(power distribution unit,PDU),其中上面一个为主用电源,下面一个为备用电源。机柜上半部分设备为 SDH 设备和拉曼放大器,机柜下半部分设备为试验设备,包含二阶前向拉曼放大器、二阶后向拉曼放大器和光放子框,共占用 6U 空间(3 台 2U 设备)。

SD 站电站试验机框面板图如图 3-53 所示。该机柜同样采用两个电源分配单元,其中上面一个为主用电源,下面一个为备用电源。机柜上半部分设备为试验设备,包含二阶前向拉曼放大器、二阶后向拉曼放大器和光放子框，共占用 6U 空间（3 台 2U 设备），机柜下半部分设备为华为的 SDH 设备。

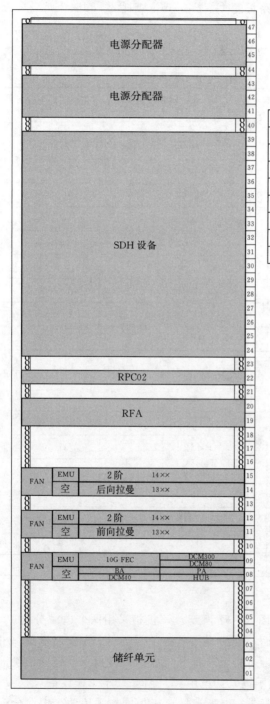

光放机柜	
机架设备功耗/W	
功率放大器	20
前置放大器	20
10G FEC	30
2 阶拉曼/遥泵	100
DCM	5
HUB	10
设备总功耗	290
电源端口（对）	3

图 3-52　WJ 站电站试验机框面板图

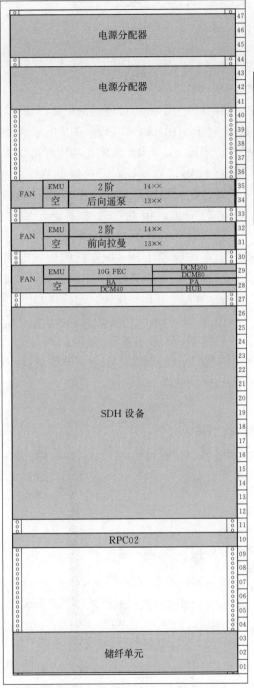

光放机柜	
机架设备功耗/W	
功率放大器	20
前置放大器	20
10G FEC	30
2 阶拉曼/遥泵	100
DCM	5
HUB	10
设备总功耗	295
电源端口（对）	3

图 3-53 SD 站电站试验机框面板图

4. 测试内容

本项目现网测试内容包括以下及部分：

（1）关键节点光功率和放大器性能测试。

（2）线路损耗测试。

（3）FEC 误码性能测试。

3.2.3.6　现网测试方案

根据测试内容，制定相应的测试方案。

1. 关键节点光功率和放大器性能测试方案

（1）BA 输出光功率测试。在发送端，断开 BA out 口连接的尾纤，将高功率的光功率计（optical power meter，OPM）连接到 BA 的 out 口，将 OPM 的测试波长选择为 1550nm，然后记录此时 OPM 显示的光功率值 P_{BA}。BA 输出光功率测试如图 3-54 所示。

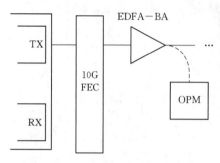

图 3-54　BA 输出光功率测试

（2）2^{nd}CoRFA 开关增益测试。由于拉曼放大器的放大原理是基于光纤中的 SRS 效应对信号光进行放大，因此，通常需要在距离拉曼放大器 100km 外进行开关增益测试。结合实际情况，本项目在收端 ODF 处进行测试，即先关闭收端的 2^{nd}RFA，并断开与 ODF 的连接，然后将高灵敏度的 OPM 与 ODF 连接。同样将 OPM 的测试波长选择为 1550nm，在发送端，关闭 2^{nd}CoRFA，记录此时 OPM 显示的光功率值 $P_{CoRFAoff}$；然后再开启 2^{nd}CoRFA，记录此时 OPM 显示的光功率值 $P_{CoRFAon}$；2^{nd}CoRFA 开关增益 $Gain_{CoRFAon-off} = P_{CoRFAon} - P_{CoRFAoff}$。$2^{nd}$CoRFA 开关增益测试如图 3-55 所示。

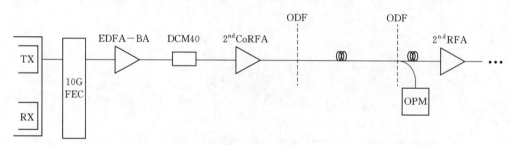

图 3-55　2^{nd}CoRFA 开关增益测试

（3）等效入纤光功率测试。首先关闭 2^{nd}CoRFA，再断开 2^{nd}CoRFA out 口的连接，然后将高功率 OPM 与 2^{nd}CoRFA out 口连接，注意要保证光纤端面的清洁，然后测试在 2^{nd}CoRFA 关泵情况下 out 口输出的光功率值 $P_{signal1}$。等效入纤光功率 $= P_{signal1} + Gain_{CoRFAon-off}$。等效入纤光功率测试如图 3-56 所示。

（4）2^{nd}RFA 开关增益测试。断开 2^{nd}RFA 与 PA 的连接，将高灵敏度 OPM 与 2^{nd}RFA out 口连接，首先测试在 2^{nd}RFA 开泵情况下 OPM 显示的光功率值 P_{RFAon}；然后关闭 2^{nd}RFA，记录此时 OPM 显示的光功率值 P_{RFAoff}。2^{nd}RFA 开关增益 $Gain_{RFAon-off} = P_{RFAon} - P_{RFAoff}$。$2^{nd}$RFA 开关增益测试如图 3-57 所示。

（5）PA 输出光功率测试。断开 PA 与 DCM 之间的连接，将 PA 的 out 口与 OPM 连接，记录此时 OPM 显示的功率值 P_{PA}。输出光功率测试如图 3-58 所示。

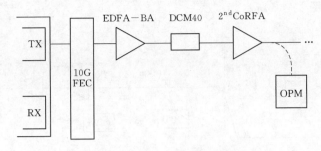

图 3 - 56　等效入纤光功率测试

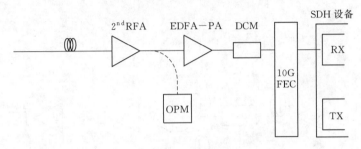

图 3 - 57　2ndRFA 开关增益测试

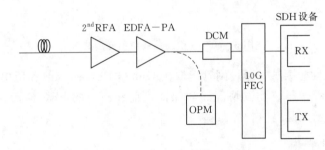

图 3 - 58　PA 输出光功率测试

2. 线路损耗测试方案

（1）二阶拉曼线路损耗测试。在 SD 站，断开 BA 和 DCM40 之间的连接，断开 2ndCORFA 与 ODF 之间的连接，然后将 BA 的输出端与高功率 OPM 连接，记录 BA 输出的光功率值 P_1。然后断开 OPM，将 BA 的输出端与 ODF 用跳线连接。在 WJ 站，断开 2ndRFA in 端与裸纤的连接，并将裸纤连接到高灵敏度的 OPM，记录此时 OPM 探测到的光功率值 P_2。线路损耗 $= P_1 - P_2$。二阶拉曼线路损耗测试如图 3 - 59 所示。

（2）二阶遥泵线路损耗测试。在 WJ 站，断开 BA 和 DCM40 之间的连接，断开 2ndCORFA 与 ODF 之间的连接，然后将 BA 的输出端与高功率 OPM 连接，记录 BA 输出的光功率值 P_1；在 RGU 熔接点处，将 OPM 与来自 WJ 站方向的光缆 9 号芯连接，记录接收到光功率值 P_2。在 SD 站，断开 RPU 的输入端，测试二阶拉曼线路上 BA 的发光功率 P_3，并将 BA 与 RPU 输入端的光纤连接；在 RGU 熔接点处，将 OPM 与来自 SD 站方向的光缆 9 号芯连接，记录接收到光功率值 P_4。总线路损耗 $= P_3 - P_4 + P_1 - P_2$。二阶遥泵线路损耗测试如图 3-60 所示。

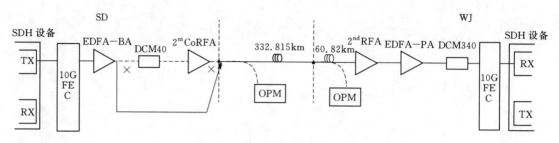

图 3-59 二阶拉曼线路损耗测试

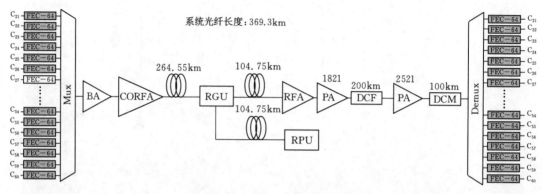

图 3-60 二阶遥泵线路损耗测试

（3）FEC 误码性能测试。通过网管读取 10Gbit/s FEC 的当前和历史的纠前误码率和纠后误码率，并查看误码仪测试情况。需保证当前和历史的 FEC 纠后误码率始终为零，误码仪挂机 24h 显示无误码。

3.2.3.7 现网测试结果

1. 关键节点光功率和放大器性能。测试的关键节点光功率如图 3-61 所示。

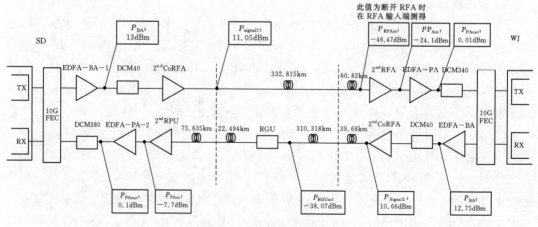

图 3-61 关键节点光功率

高阶泵浦放大器配置和性能如下：

（1）在 SD 站～WJ 站二阶拉曼线路中有

2^{nd}CoRFA：13×× nm 的泵浦光功率为 30dBm（4×250mW）；14×× nm 的泵浦光功率为 28dB（2×300mW）。

2^{nd}RFA：13×× nm 的泵浦光功率为 32dBm（4×400mW）；14×× nm 的泵浦光功率为 29dBm（4×200mW）。

2^{nd}CoRFA 的开关增益为 13.57dB（$Gain_{CoRFAon-off} = P_{CoRFAon} - P_{CoRFAoff} = -35.55 + 49.12 = 13.57dB$），数据均使用 OPM 测得。

等效入纤光功率为 24.62dB（等效入纤光功率 $= P_{signal1} + Gain_{CoRFAon-off} = 11.05 + 13.57 = 24.62dB$）。

2^{nd}RFA 的开关增益为 27.96dB（$Gain_{RFAon-off} = P_{RFAon} - P_{RFAoff} = -24.1 + 52.06 = 27.96dB$），数据均使用 OPM 测得。

（2）在 WJ 站～SD 站二阶遥泵线路中有

2^{nd}CoRFA：13×× nm 的泵浦光功率为 31dBm（4×350mW）；14×× nm 的泵浦光功率为 26dBm（2×200mW）。

2^{nd}ROPA：13×× nm 的泵浦光功率为 32dBm（4×400mW）；14×× nm 的泵浦光功率为 29dBm（4×200mW）。

2^{nd}CoRFA 的开关增益为 14.2dB（$Gain_{CoRFAonoff} = P_{CoRFAon} - P_{CoRFAoff} = -38.07 + 52.27 = 14.2dB$），数据均使用 OPM 测得。

等效入纤光功率为 24.62dB（等效入纤光功率 $= P_{signal1} + Gain_{CoRFAon-off} = 10.66 + 14.2 = 24.62dB$）。

2. 线路损耗

SD 站～WJ 站（二阶拉曼线路）：

总衰耗：70.26dB（线路损耗 $= P_1 - P_2 = 16.53 + 53.73 = 70.26dB$）；

总光纤长度：332.815km（OPGW）+60.82km=393.635km。

WJ 站～SD 站（二阶遥泵线路）：

总衰耗：80.48dB（线路损耗 $= P_3 - P_4 + P_1 - P_2 = 16.9 + 0.76 + 16.9 + 45.92 = 80.48dB$）；

总光纤长度：332.812km（OPGW）+ 75.635km+39.68km = 448.127km。

3. 10G FEC 误码率

SD 站 FEC 纠前误码率：$6.7×10^{-4}$，纠后误码率：0；根据此纠前误码率判断，二阶遥泵方向系统余量约有 1～2dB。

WJ 站 FEC 纠前误码率：$5.8×10^{-5}$，纠后误码率：0；根据此纠前误码率判断，二阶遥泵方向系统余量约有 3～4dB。

采用 10G SDH 分析仪挂机测试，现网观察 24h 无误码，误码仪挂机测试配置和结果如图 3-62 所示。系统接入 10G SDH 业务板卡，运行至今无误码，性能稳定，运行良好。

3.2.3.3.8 现网测试结论

高阶泵浦科技项目使用 WJ 站～SD 站段落 ULL 光缆的 7 号纤芯和 9 号纤芯。其中，

图 3-62　误码仪挂机测试配置和结果图

WJ 站～SD 站方向使用 7 号纤芯，系统配置为 2nd CoRFA＋2nd ROPA，其现网极限传输距离为 448.127km，线路损耗 80.48dB（系统余量 1～2dB）；SD 站～WJ 站方向使用 9 号纤芯，系统配置为 2nd CoRFA＋2nd RFA，其现网极限传输距离为 393.635km，线路损耗 70.26dB（系统余量 3～4dB），挂机 24h 无误码。此系统直接与厂家数据交换设备测试其功能均正常，因此可用于实际电力超长距传输系统中。

3.2.3.9　现网在运设备

（1）SD 站机房现网在运设备如图 3-63 所示。该机柜上半部分为光路子系统，总共使用了 4 台 2U 设备，第一、三台为 OBA、OPA、FEC、DCM 和辅助组网板卡。第二、四台为高阶泵浦设备。机柜下半部分为 SDH 传输设备。

（2）WJ 站机房现网在运设备照片如图 3-64 所示。该机柜下半部分为 SDH 传输设备。机柜上半部分为光路子系统，总共使用了 3 台 2U 设备，第一台为 OBA、OPA、FEC、DCM 和辅助组网板卡，第二、三台为高阶泵浦设备。

图 3-63　SD 站机房现网在运设备

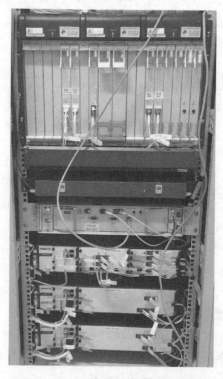

图 3-64　WJ 站机房现网在运设备

（3）SD 站遥泵塔上的 RGU 如图 3-65 所示。

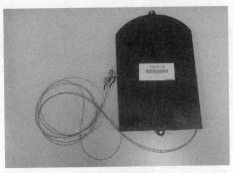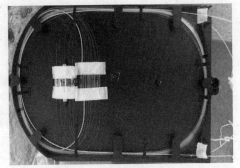

(a)外部结构　　　　　　　　　　　　　　(b)内部结构

图 3-65　SD 站遥泵塔上的 RGU

3.2.3.10　设备运行状态

利用 OSP 平台网管软件 OSPScape 对设备的运行状态进行实时监控。

1. SD 站

（1）10G 的 FEC 运行状态如图 3-66 所示，10G 的 FEC 的网管配置如图 3-67 所示。可以看出，FEC 线路侧和客户侧收光功率和发光功率均正常，FEC 纠错前误码率为 6.7×10^{-4}，纠错后误码率为 0。

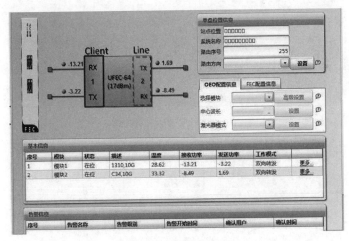

图 3-66　FEC 运行状态

（2）BA 运行状态如图 3-68 所示。BA 收光和发光均在正常范围内，BA 输出光功率为 13dBm。

（3）二阶 CoRFA 是由 13××nm 和 14××nm 波长两个泵浦单元组成，网管配置如图 3-69 和图 3-70 所示。其中，13××nm 泵浦单元接收光功率和反射光功率正常，输出泵浦光功率 30.1dBm，14××nm 泵浦单元接收光功率和反射光功率正常，输出泵浦光功率 27.9dBm。

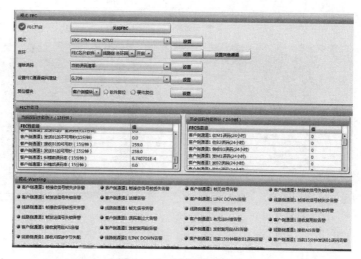

图 3 - 67　FEC 网管配置

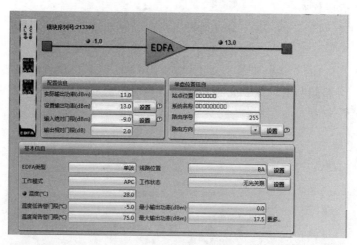

图 3 - 68　BA 运行状态

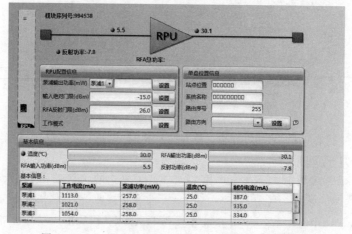

图 3 - 69　二阶 CoRFA 13××nm 泵浦单元网管配置

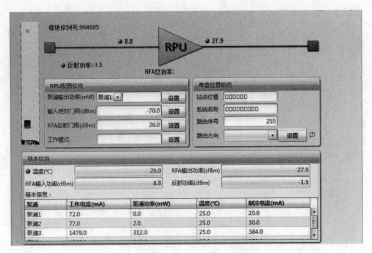

图 3-70   二阶 CoRFA 14××nm 泵浦单元网管配置

（4）二阶 RPU 同样是由 13××nm 和 14××nm 波长两个泵浦单元组成，网管配置如图 3-71 和图 3-72 所示。其中，13××nm 泵浦单元接收光功率和反射光功率正常，输出泵浦光功率 31dBm；14××nm 泵浦单元接收光功率和反射光功率正常，输出泵浦光功率 29dBm。

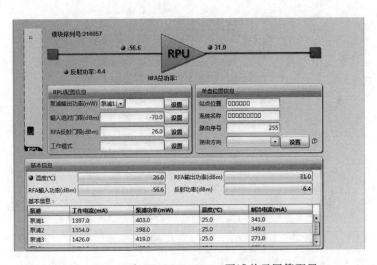

图 3-71   二阶 RPU 13××nm 泵浦单元网管配置

（5）PA 网管配置如图 3-73 所示。PA 的接收光功率为 -7.8dBm，恒定输出光功率 0dBm。

2. WJ 站

（1）10G FEC 网管配置如图 3-74 和图 3-75 所示。可以看出，FEC 线路侧和客户侧收光功率和发光功率均正常，FEC 纠前误码率为 5.9×10^{-5}，纠后误码率为 0。

（2）BA 网管配置如图 3-76 所示。BA 收光和发光均在正常范围内，BA 输出光功率为 13dBm。

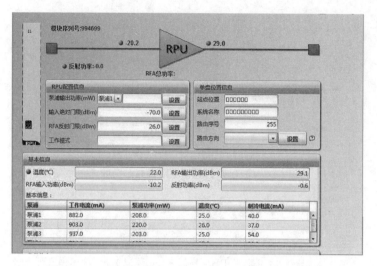

图 3 - 72　二阶 RPU 14××nm 泵浦单元网管配置

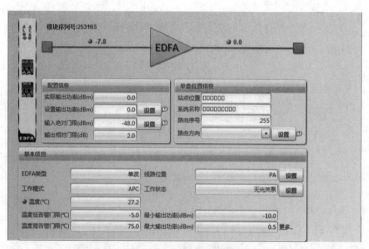

图 3 - 73　PA 网管配置

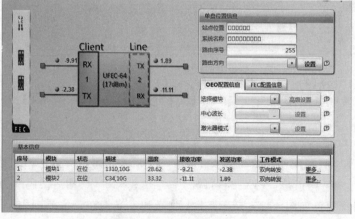

图 3 - 74　FEC 网管配置 1

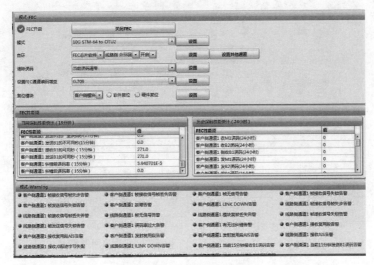

图 3-75　FEC 网管配置 2

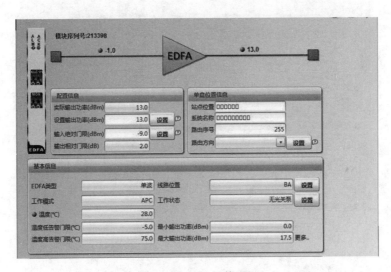

图 3-76　BA 网管配置

（3）二阶 CoRFA 是由 13××nm 和 14××nm 波长两个泵浦单元组成，网管配置如图 3-77 和图 3-78 所示。其中，13××nm 泵浦单元接收光功率和反射光功率正常，输出泵浦光功率 31dBm；14××nm 泵浦单元接收光功率和反射光功率正常，输出泵浦光功率 26dBm。

（4）二阶 RFA 同样是由 13××nm 和 14××nm 波长两个泵浦单元组成，网管配置如图 3-79 和图 3-80 所示。其中，13××nm 泵浦单元接收光功率和反射光功率正常，输出泵浦光功率 32dBm；14××nm 泵浦单元接收光功率和反射光功率正常，输出泵浦光功率 29.1dBm。

（5）PA 网管配置如图 3-81 所示。PA 的接收光功率为 -24.6dBm，恒定输出光功率 0dBm。

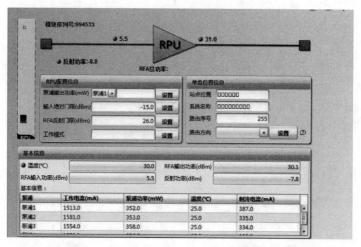

图 3 - 77　二阶 CoRFA 13××nm 泵浦单元网管配置

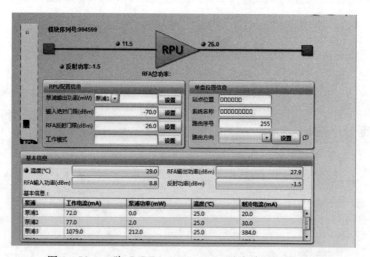

图 3 - 78　二阶 CoRFA 14×× nm 泵浦单元网管配置

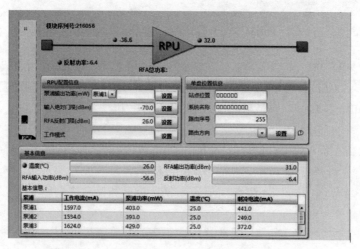

图 3 - 79　二阶 RFA 13×× nm 泵浦单元网管配置

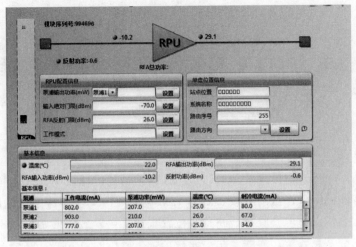

图 3-80 二阶 RFA 14×× nm 泵浦单元网管配置

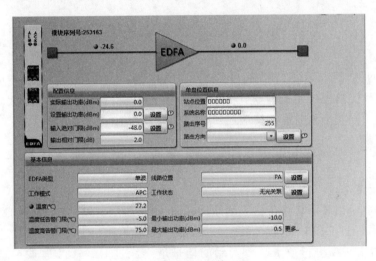

图 3-81 PA 网管配置

第4章 电力OTN超长距离光传输系统建设实践

电力通信网络是电力生产调度自动化和管理现代化的基础平台。目前，光纤通信由于其损耗小、频带宽、抗干扰性能好、保密性好等优点已成为电力通信专网的主要通信方式。随着我国统一坚强智能电网的建设，电力通信网络的支撑和平台作用越来越重要，特高压电网作为智能电网建设的骨干网架，具有覆盖范围广（多为跨区域电网）、传输距离长、输电容量大等优点，但其具有线路路径位置偏远，设置光中继站维护不便等缺点，因此应尽量减少中继站点数量。而超长距离光传输系统应用的最大特点就是减少了电再生中继站点。这些因素促进了OTN长跨距光通信的不断发展。

4.1 N×10G OTN 超长距离光传输系统建设

对于OTN系统而言，随着波道数的增加，传输距离会缩短。同时，不同的光放大器配置实现的传输距离也有差异。本节将介绍采用拉曼放大器配置、遥泵放大器配置和线路放大器配置等不同类型的典型系统应用。

4.1.1 H 站～P 站 289km 10×10G 超长距离光传输系统

4.1.1.1 系统结构

10×10Gbit/s超长距离光传输系统结构如图4-1所示。发送端10路OTU信号进入MUX合波，再经过DCMF进行色散预补偿，进入BA和CoRFA。信号经过289km光纤后，进入RFA和PA进行放大。放大后的信号最终经过DEMUX解波后送入接收端的OTU接收单元。

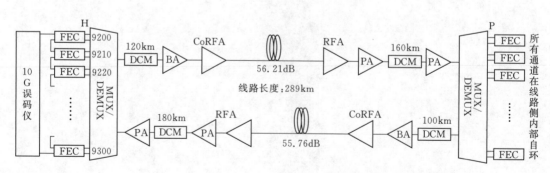

图4-1 10×10Gbit/s超长距离光传输系统结构

4.1.1.2 测试设备

10×10Gbit/s超长距离光传输系统所采用的光传输系统设备和光放大器设备如图4-2

134

和图 4-3 所示。

图 4-2 光传输系统设备

图 4-3 光放大器设备

4.1.1.3 测试数据

在 H 站测试 CoRFA 关泵条件下，CoRFA out 口输出的光功率为 9.32dBm，该站点 RFA 输入的光功率为 -31.46dBm。

经网管性能统计结果 10×10Gbit/s 系统 P 站接收端纠错前后误码率见表 4-1。可以看出，性能最差的一个通道 9300 纠错前误码率为 $2.2×10^{-6}$，低于 FEC 的纠错极限，10 个通道的纠错后误码率均为 0，满足无误码传输需求。

10×10Gbit/s 系统 H 站接收端纠前误码率见表 4-2。可以看出，性能最差的一个通道 9260 纠错前误码率为 $1.1×10^{-6}$，低于 FEC 的纠错极限，10 个通道的纠错后误码率均为 0，满足无误码传输需求。

表 4-1　10×10Gbit/s 系统 P 站接收端纠错前后误码率

通道	纠错前误码率	纠错后误码率
9200	$9.56×10^{-11}$	0
9220	$9.55×10^{-11}$	0
9230	0	0
9240	$3.02×10^{-9}$	0
9250	0	0
9260	$2.69×10^{-8}$	0
9270	$2.0×10^{-8}$	0
9280	$3.39×10^{-9}$	0
9290	$7.59×10^{-10}$	0
9300	$2.2×10^{-6}$	0

表 4-2　10×10Gbit/s 系统 H 站接收端纠错前后误码率

通道	纠错前误码率	纠错后误码率
9200	$3.80×10^{-10}$	0
9220	0	0
9230	0	0
9240	$6.92×10^{-9}$	0
9250	$6.92×10^{-9}$	0
9260	$1.10×10^{-6}$	0
9270	$2.82×10^{-10}$	0
9280	$1.91×10^{-9}$	0
9290	$1.91×10^{-9}$	0
9300	$2.95×10^{-7}$	0

4.1.1.4　结果分析

通过上述测试结果和现场 12h 的误码性能测试，FEC 统计的纠错后误码率均为 0，并且经误码仪测试 12h 无误码。

4.1.1.5　设备运行状态

1. H 站

（1）发送端的 EDFA-BA 与 CoRFA 运行状态如图 4-4 所示，EDFA-BA 的收、发光功率均正常；CoRFA 的收光功率正常，当前反射率大于反射门限，拉曼正常开泵。

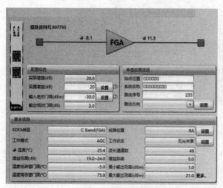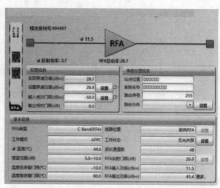

图 4-4　EDFA-BA 与 CoRFA 运行状态

（2）接收端 RFA 运行状态、第一级和第二级 EDFA-PA 运行状态分别如图 4-5 和图 4-6 所示，CoRFA 的收光功率正常，当前反射率大于反射门限，拉曼正常开泵；第一级和第二级 EDFA-PA 输入、输出功率均在正常范围内。

2. P 站

（1）发送端的 EDFA – BA 和 CoRFA 运行状态如图 4 – 7 所示。可以看出，EDFA – BA 的收、发光功率均正常；CoRFA 的收光功率正常，当前反射率大于反射门限，拉曼正常开泵。

（2）接收端 RFA、第一级和第二级 EDFA – PA 运行状态如图 4 – 8 和图 4 – 9 所示。可以看出，CoRFA 的收光功率正常，当前反射率大于反射门限，拉曼正常开泵；第一级和第二级 EDFA – PA 输入、输出功率均在正常范围内。

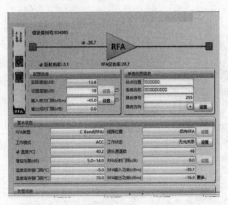

图 4 – 5　接收端 RFA 运行状态

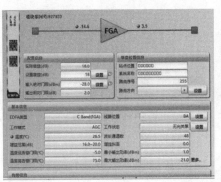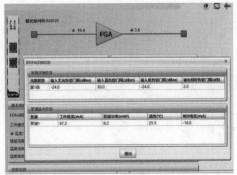

图 4 – 6　第一级和第二级 EDFA – PA 运行状态

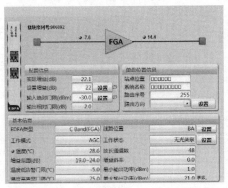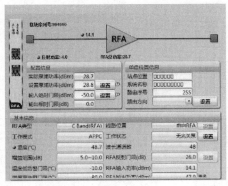

图 4 – 7　发送端的 EDFA – BA 与 CoRFA 运行状态

4.1.2　369.3km 40×10Gbit/s 单跨距超长距离光路子系统

4.1.2.1　系统结构

40×10Gbit/s 超长距离光路子系统结构示意图如图 4 – 10 所示。

369.3km 40×10Gbit/s 超长距离光路子系统包含发送端的 40 波前向纠错编码模块、

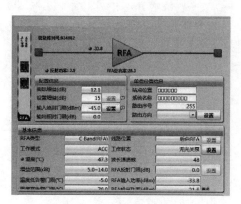

图 4-8　接收端 RFA 运行状态

C band 40 波合波器 VMUX（每一通道具备光功率衰减可调功能）、EDFA-BA、Co-RFA；线路中包含旁路与随路混合结构 RGU；接收端包含 RFA、第一前置放大器 PA1、200km 色散补偿光纤 DCF、第二前置放大器 PA2、100kmDCF、C band 40 波分波器和 40 波前向纠错解码模块。系统描述如下：

（1）发送端 40 路 10Gbit/s 业务信号进入 VMUX。

（2）信号从 VMUX 的合波端进入 BA 的输入端。

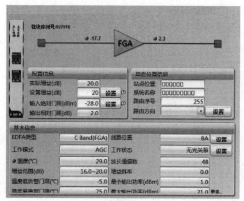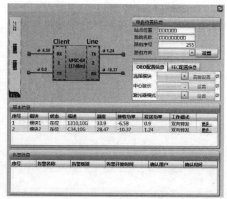

图 4-9　第一级和第二级 EDFA-PA 运行状态

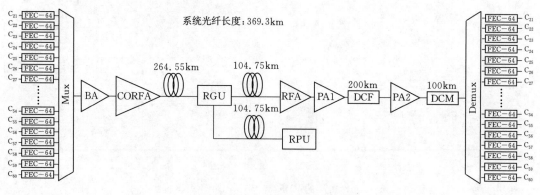

图 4-10　40×10Gbit/s 超长距离光路子系统结构示意图

（3）信号再经过前向拉曼放大器，40 波信号光和泵浦光共同进入第一段传输光纤。

（4）信号经过 264.55km 光纤线路，进入 RGU；信号光通过 RGU 内的掺铒光纤时被接收端 RPU 的泵浦光反向激励，实现信号放大。

（5）信号经过 104.75km 光纤，到达后向 RFA 处，送入接收端的 PA1 进行放大，然后接入补偿 DCF，再进入 PA2，放大后的信号再经过第二个 DCF，之后经过 DEMUX 进入接收端的接收单元。

4.1.2.2 测试设备

40×10Gbit/s 单跨距超长距离光路子系统所使用的设备主要包括 FEC 设备、光放大器和 40 波合波分液器，如图 4-11～图 4-13 所示。其中，光放大器和 FEC 设备采用 5U 结构，合分波器采用 2U 结构。

图 4-11　FEC 设备

图 4-12　光放大器

图 4-13　40 波合波分波器

4.1.2.3　测试数据

40×10Gbit/s 超长单跨距离 ROPA 系统挂机测试的线路损耗为 65.9dB，线路长度约为 369.3km。

采用光谱分析仪对 40×10Gbit 长距离系统的不同关键节点光功率进行测试。其中 40×10Gbit/s 系统 FEC 客户侧及线路侧输入输出光功率见表 4-3。

表 4-3　　　　　　　　40×10Gbit/s 系统 FEC 客户侧及线路侧输入输出光功率

波道	波长/nm	客　户　侧		线　路　侧	
		输入光功率/dBm	输出光功率/dBm	输入光功率/dBm	输出光功率/dBm
1	1529.55	−5.36	0.08	−11.31	2.35
2	1530.33	−7.05	−0.92	−11.84	2.15
3	1531.12	−5.56	−1.26	−10.57	1.94
4	1531.9	−6.09	−0.71	−10.85	2.1
5	1532.68	−5.59	−1.07	−10.72	1.25
6	1533.47	−6.91	−0.4	−10.11	2.23
7	1534.25	−6.15	−0.65	−10.95	2.33
8	1535.04	−5.67	−0.65	−11.41	2.12
9	1535.82	−6.2	−0.99	−11.41	1.83
10	1536.61	−5.95	−0.97	−11.77	1.47
11	1537.4	−5.79	−0.62	−11.44	2.4
12	1538.19	−4.71	−0.86	−11.86	1.73
13	1538.98	−5.59	−0.44	−11.77	0.91
14	1539.77	−4.26	−0.93	−11.43	2.16
15	1540.56	−5.66	−0.44	−11.21	2.23
16	1541.35	−5.27	−0.76	−10.72	2.44
17	1542.14	−6.28	−0.69	−10.81	2.33
18	1542.94	−5.76	0.04	−10.58	1.97
19	1543.73	−6.33	−0.52	−10.9	2.18
20	1544.53	−5.82	−0.98	−10.38	1.47
21	1545.32	−6.17	−0.98	−10.65	2.05
22	1546.12	−4.02	−1.21	−10.85	0.8
23	1546.92	−5.29	0.27	−10.5	1.64
24	1547.72	−2.78	−0.87	−10.67	2.51
25	1548.51	−5.36	−0.57	−10.87	1.6
26	1549.32	−4.16	0.16	−10.51	2.42
27	1550.12	−5.3	−0.96	−10.49	2.01
28	1550.92	−3.2	−0.28	−9.65	2.28
29	1551.72	−6.54	−1.72	−10.18	1.43
30	1552.52	−6.67	−0.13	−10.68	2.03
31	1553.33	−4.2	−0.32	−10.08	2.22

波道	波长/nm	客户侧		线路侧	
		输入光功率/dBm	输出光功率/dBm	输入光功率/dBm	输出光功率/dBm
32	1554.13	−5.23	−0.8	−11.61	1.13
33	1554.94	−5.58	−1.09	−11.02	2.34
34	1555.75	−5.79	−0.45	−10.85	1.58
35	1556.55	−3.38	−1.3	−9.95	1.88
36	1557.36	−11.14	−0.21	−10.88	0.53
37	1558.17	−5.76	−0.64	−11.5	2.25
38	1558.98	−7.31	−0.64	−11.5	2.25
39	1559.79	−5.41	−1.21	−10.53	1.6
40	1560.61	−9.85	−0.9	−10.4	1.38

40×10Gbit/s 系统功率放大器输入输出光功率见表 4-4。其中 40 波的平均增益为 17.06dB，增益平坦度为 2.96dB。

表 4-4   40×10Gbit/s 系统功率放大器输入输出光功率

波道	波长/nm	输入光功率/dBm	输出光功率/dBm	波道	波长/nm	输入光功率/dBm	输出光功率/dBm
1	1529.549	−8.15	7.26	21	1545.328	−13.38	3.8
2	1530.33	−8.2	6.95	22	1546.122	−13.99	3.19
3	1531.116	−7.39	7.47	23	1546.924	−13.95	3.3
4	1531.895	−8.88	6.16	24	1547.71	−14.09	3.25
5	1532.686	−8.99	6.12	25	1548.506	−14.14	3.14
6	1533.471	−9.5	6.19	26	1549.312	−13.86	3.72
7	1534.256	−9.67	6.43	27	1550.113	−13.29	4.34
8	1535.036	−10.86	5.54	28	1550.918	−14.9	2.56
9	1535.818	−11.32	5.3	29	1551.724	−13.66	4.12
10	1536.611	−11.68	5.31	30	1552.514	−14.53	3.11
11	1537.399	−12.46	4.72	31	1553.32	−14.99	3
12	1538.187	−12.21	4.87	32	1554.123	−13.26	4.56
13	1538.994	−12.41	4.96	33	1554.931	−13.71	4.2
14	1539.765	−13.3	4.04	34	1555.744	−14.45	3.24
15	1540.562	−12.18	5.09	35	1556.536	−15.3	2.74
16	1541.355	−12.92	4.24	36	1557.358	−15.08	2.81
17	1542.161	−12.38	4.58	37	1558.169	−15.27	2.54
18	1542.948	−13.38	3.54	38	1558.977	−16.41	1.54
19	1543.732	−13.11	4.05	39	1559.775	−17.37	1
20	1544.541	−12.36	4.6	40	1560.611	−17.29	0.72

40×10Gbit/s 系统 RGU 输入输出光功率见表 4－5。其中 40 波的平均增益为 19.46dB，增益平坦度为 1.81dB。

表 4－5　　　　　　　　　　　40×10Gbit/s 系统 RGU 输入输出光功率

波道	波长/nm	输入光功率/dBm	输出光功率/dBm	波道	波长/nm	输入光功率/dBm	输出光功率/dBm
1	1529.549	−39.1	−18.37	21	1545.328	−39	−19.5
2	1530.33	−37.6	−17.47	22	1546.122	−38.49	−19.09
3	1531.116	−39.03	−18.86	23	1546.924	−38.55	−19.22
4	1531.895	−38.33	−18.16	24	1547.71	−38.96	−19.71
5	1532.686	−37.98	−17.99	25	1548.506	−38.25	−18.92
6	1533.471	−38.96	−18.98	26	1549.312	−38.62	−19.4
7	1534.256	−39.65	−19.83	27	1550.113	−38.31	−18.96
8	1535.036	−38.43	−18.71	28	1550.918	−38.52	−19.21
9	1535.818	−38.47	−18.79	29	1551.724	−38.37	−19.08
10	1536.611	−38.58	−18.97	30	1552.514	−38.31	−19.09
11	1537.399	−38.81	−19.32	31	1553.32	−38.26	−19.07
12	1538.187	−38.27	−18.76	32	1554.123	−38.14	−19.07
13	1538.994	−38.21	−18.61	33	1554.931	−37.72	−18.54
14	1539.765	−39.02	−19.64	34	1555.744	−37.81	−18.75
15	1540.562	−37.75	−18.42	35	1556.536	−38.45	−19.36
16	1541.355	−38.54	−19.02	36	1557.358	−38.41	−19.41
17	1542.161	−38.3	−18.88	37	1558.169	−38.42	−19.4
18	1542.948	−38.68	−19.09	38	1558.977	−38.69	−19.77
19	1543.732	−38.18	−18.65	39	1559.775	−38.28	−19.35
20	1544.541	−38.97	−19.4	40	1560.611	−38.26	−19.34

40×10Gbit/s 系统 RFA 输入输出光功率见表 4－6。其中 40 波的平均增益为 15.48dB，增益平坦度为 1.81dB。

表 4－6　　　　　　　　　　　40×10Gbit/s 系统 RFA 输入输出光功率

波道	波长/nm	输入光功率/dBm	输出光功率/dBm	波道	波长/nm	输入光功率/dBm	输出光功率/dBm
1	1529.549	−40.27	−24.47	7	1534.256	−41.39	−25.13
2	1530.33	−38.99	−22.86	8	1535.036	−40.16	−24.13
3	1531.116	−40.53	−24.19	9	1535.818	−40.07	−24.37
4	1531.895	−39.83	−23.25	10	1536.611	−40	−24.58
5	1532.686	−39.71	−23.14	11	1537.399	−40.03	−24.85
6	1533.471	−40.66	−24.13	12	1538.187	−39.25	−24.22

续表

波道	波长/nm	输入光功率/dBm	输出光功率/dBm	波道	波长/nm	输入光功率/dBm	输出光功率/dBm
13	1538.994	−38.97	−24.04	27	1550.113	−39.78	−24.48
14	1539.765	−39.83	−25.03	28	1550.918	−40.26	−24.75
15	1540.562	−38.47	−23.7	29	1551.724	−40.34	−24.82
16	1541.355	−39.16	−24.36	30	1552.514	−40.28	−24.63
17	1542.161	−38.97	−24.19	31	1553.32	−40.55	−24.95
18	1542.948	−39.09	−24.26	32	1554.123	−40.41	−24.66
19	1543.732	−38.69	−23.81	33	1554.931	−40.26	−24.69
20	1544.541	−39.72	−24.81	34	1555.744	−40.54	−24.84
21	1545.328	−39.58	−24.6	35	1556.536	−40.84	−24.95
22	1546.122	−39.35	−24.31	36	1557.358	−40.71	−25.04
23	1546.924	−39.54	−24.47	37	1558.169	−40.84	−25.06
24	1547.71	−40.18	−24.98	38	1558.977	−41.03	−25.35
25	1548.506	−39.56	−24.36	39	1559.775	−40.41	−24.95
26	1549.312	−39.95	−24.64	40	1560.611	−40	−24.83

40×10Gbit/s 系统 PA1 输入输出光功率见表 4－7。其中 40 波的平均增益为 18.12dB，增益平坦度为 0.68dB。

表 4－7　　　　　　　40×10Gbit/s 系统 PA1 输入输出光功率

波道	波长/nm	输入光功率/dBm	输出光功率/dBm	波道	波长/nm	输入光功率/dBm	输出光功率/dBm
1	1529.549	−24.16	−6.1	16	1541.355	−24.06	−6.13
2	1530.33	−22.68	−4.87	17	1542.161	−23.97	−5.81
3	1531.116	−23.98	−6.09	18	1542.948	−24.03	−6.06
4	1531.895	−22.94	−4.95	19	1543.732	−23.54	−5.41
5	1532.686	−22.83	−4.83	20	1544.541	−24.54	−6.47
6	1533.471	−23.84	−5.81	21	1545.328	−24.42	−6.25
7	1534.256	−24.8	−6.82	22	1546.122	−24.08	−6.02
8	1535.036	−23.8	−5.92	23	1546.924	−24.3	−6.03
9	1535.818	−24.12	−5.99	24	1547.71	−24.83	−6.52
10	1536.611	−24.32	−6.2	25	1548.506	−24.14	−5.82
11	1537.399	−24.62	−6.56	26	1549.312	−24.45	−6.3
12	1538.187	−24.03	−5.85	27	1550.113	−24.3	−6.01
13	1538.994	−23.69	−5.68	28	1550.918	−24.58	−6.38
14	1539.765	−24.7	−6.64	29	1551.724	−24.61	−6.25
15	1540.562	−23.39	−5.25	30	1552.514	−24.32	−6.25

续表

波道	波长 /nm	输入光功率 /dBm	输出光功率 /dBm	波道	波长 /nm	输入光功率 /dBm	输出光功率 /dBm
31	1553.32	−24.66	−6.49	36	1557.358	−24.91	−6.42
32	1554.123	−24.39	−6.37	37	1558.169	−24.77	−6.61
33	1554.931	−24.51	−6.38	38	1558.977	−25.06	−6.87
34	1555.744	−24.62	−6.22	39	1559.775	−24.81	−6.56
35	1556.536	−24.74	−6.55	40	1560.611	−24.52	−6.54

$40 \times 10 \text{Gbit/s}$ 系统 PA2 输入输出光功率见表 4 - 8。其中 40 波的平均增益为 25.97dB，增益平坦度为 0.96dB。

表 4 - 8　　　　　　　　　　$40 \times 10 \text{Gbit/s}$ 系统 PA2 输入输出光功率

波道	波长 /nm	输入光功率 /dBm	输出光功率 /dBm	波道	波长 /nm	输入光功率 /dBm	输出光功率 /dBm
1	1529.549	−28.88	−2.87	21	1545.328	−28.32	−2.68
2	1530.33	−27.71	−1.65	22	1546.122	−28.03	−2.28
3	1531.116	−29.09	−2.72	23	1546.924	−27.99	−2.35
4	1531.895	−27.99	−1.42	24	1547.71	−28.42	−2.79
5	1532.686	−27.66	−1.15	25	1548.506	−27.83	−2.04
6	1533.471	−28.61	−2.02	26	1549.312	−28.1	−2.42
7	1534.256	−29.63	−3.08	27	1550.113	−27.8	−2.07
8	1535.036	−28.58	−2.16	28	1550.918	−28.01	−2.1
9	1535.818	−28.8	−2.44	29	1551.724	−27.97	−2.27
10	1536.611	−28.94	−2.69	30	1552.514	−27.98	−2.04
11	1537.399	−28.95	−2.86	31	1553.32	−28.23	−2.44
12	1538.187	−28.41	−2.31	32	1554.123	−28.06	−2.12
13	1538.994	−28.23	−2.33	33	1554.931	−28.09	−2.22
14	1539.765	−28.83	−3.12	34	1555.744	−27.75	−2.07
15	1540.562	−27.55	−1.81	35	1556.536	−28.2	−2.36
16	1541.355	−28.19	−2.46	36	1557.358	−28.18	−2.22
17	1542.161	−28.02	−2.1	37	1558.169	−28.29	−2.43
18	1542.948	−28.35	−2.41	38	1558.977	−28.57	−2.7
19	1543.732	−27.6	−1.81	39	1559.775	−28.21	−2.36
20	1544.541	−28.56	−2.56	40	1560.611	−28.38	−2.4

PA2 输出端 40 波的光谱图如图 4 - 14 所示，40 波保持较好的功率平坦度，第二前置放大器输出端的 40 波 OSNR 如图 4 - 15 所示，短波长的 OSNR 最低为 14.58dB，长波长的 OSNR 最高为 16.94dB。

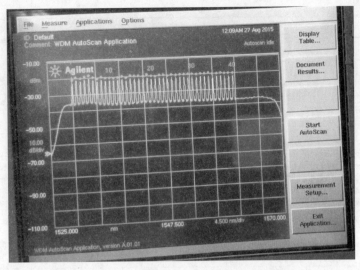

图 4-14　第二前置放大器输出端的 40 波的光谱图

Channel #	Wavelength (nm)	Power (dBm)	OSNR (dB)
1	1529.543	-20.97	14.58
2	1530.319	-19.36	16.03
3	1531.111	-20.04	15.10
4	1531.886	-19.22	15.74
5	1532.678	-18.66	16.31
6	1533.453	-19.70	15.47
7	1534.245	-20.63	14.91
8	1535.029	-19.77	16.17
9	1535.812	-20.35	15.88
10	1536.604	-20.48	15.89
11	1537.388	-20.60	15.81
12	1538.180	-20.24	16.17
13	1538.980	-19.89	16.52
14	1539.755	-20.73	15.68

Channel #	Wavelength (nm)	Power (dBm)	OSNR (dB)
14	1539.755	-20.73	15.68
15	1540.547	-19.40	16.94
16	1541.339	-19.88	16.32
17	1542.140	-19.81	16.27
18	1542.940	-20.17	15.84
19	1543.715	-19.27	16.70
20	1544.532	-20.16	15.85
21	1545.316	-20.24	15.85
22	1546.108	-19.78	16.39
23	1546.916	-19.91	16.32
24	1547.700	-20.32	15.90
25	1548.492	-19.83	16.36
26	1549.301	-19.94	16.19
27	1550.101	-19.79	16.31

Channel #	Wavelength (nm)	Power (dBm)	OSNR (dB)
27	1550.101	-19.79	16.31
28	1550.901	-19.85	16.25
29	1551.718	-19.85	16.30
30	1552.502	-19.72	16.52
31	1553.310	-20.05	16.29
32	1554.102	-19.78	16.65
33	1554.919	-19.82	16.67
34	1555.728	-19.57	16.92
35	1556.528	-20.09	16.37
36	1557.345	-20.05	16.34
37	1558.154	-19.81	16.54
38	1558.963	-20.19	16.18
39	1559.763	-20.06	16.40
40	1560.597	-20.03	16.51

Channel #	Wavelength (nm)	Power (dBm)	OSNR (dB)
39	1559.763	-20.06	16.40
40	1560.597	-20.03	16.51
Min Power			
1		-20.97	
Max Power			
5		-18.66	
Min OSNR			
1			14.58
Max OSNR			
15			16.94
	Span Tilt (dB/nm)	Span Tilt (dB)	Peak-Peak Dev
	0.001	0.03	2.32

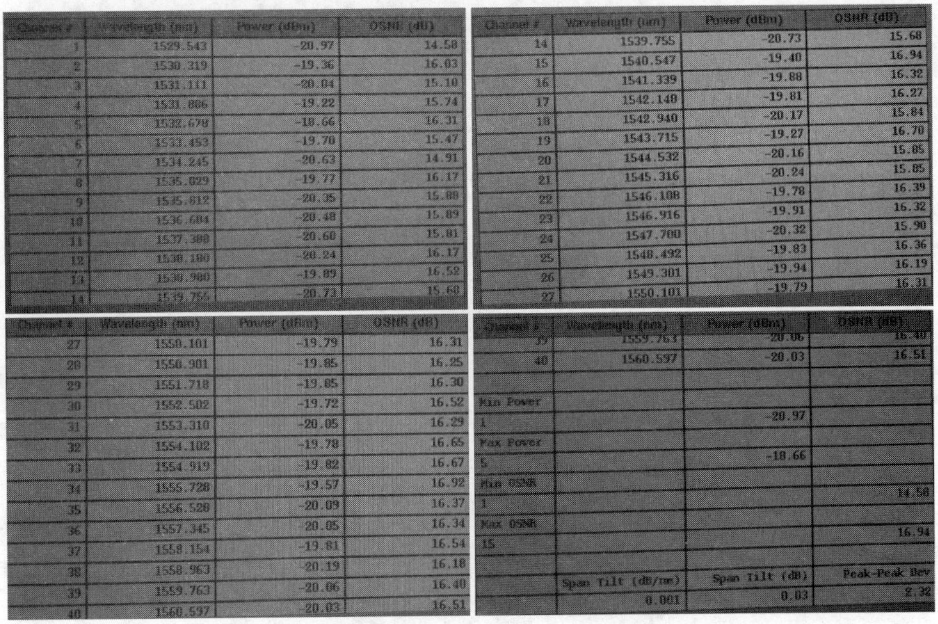

图 4-15　第二前置放大器输出端的 40 波 *OSNR*

4.1.2.4　结果分析

40 波信号光线路侧纠错前误码率见表 4-9，40 波的纠错后误码率均为 0，当前系统可实现无误码传输。

表 4-9　　40 波信号光线路侧纠错前误码率

波道	波长/nm	线路侧纠错前误码率	线路侧纠错后误码率
1	1529.55	4.88×10^{-5}	0

波道	波长/nm	线路侧纠错前误码率	线路侧纠错后误码率
2	1530.33	5.39×10^{-5}	0
3	1531.12	5.38×10^{-5}	0
4	1531.9	9.22×10^{-5}	0
5	1532.68	9.58×10^{-6}	0
6	1533.47	2.64×10^{-5}	0
7	1534.25	7.92×10^{-5}	0
8	1535.04	2.18×10^{-4}	0
9	1535.82	1.17×10^{-4}	0
10	1536.61	6.73×10^{-5}	0
11	1537.4	1.80×10^{-5}	0
12	1538.19	7.47×10^{-6}	0
13	1538.98	1.20×10^{-4}	0
14	1539.77	2.15×10^{-5}	0
15	1540.56	7.37×10^{-5}	0
16	1541.35	8.86×10^{-5}	0
17	1542.14	1.28×10^{-4}	0
18	1542.94	1.68×10^{-4}	0
19	1543.73	2.40×10^{-4}	0.
20	1544.53	7.28×10^{-5}	0
21	1545.32	1.29×10^{-4}	0
22	1546.12	1.04×10^{-4}	0
23	1546.92	1.15×10^{-5}	0
24	1547.72	2.96×10^{-5}	0
25	1548.51	9.54×10^{-5}	0
26	1549.32	4.98×10^{-5}	0
27	1550.12	1.31×10^{-4}	0
28	1550.92	4.75×10^{-6}	0
29	1551.72	5.74×10^{-5}	0
30	1552.52	1.45×10^{-4}	0
31	1553.33	1.21×10^{-5}	0
32	1554.13	3.44×10^{-5}	0
33	1554.94	3.35×10^{-5}	0
34	1555.75	2.31×10^{-5}	0

续表

波道	波长/nm	线路侧纠错前误码率	线路侧纠错后误码率
35	1556.55	1.62×10^{-6}	0
36	1557.36	2.58×10^{-6}	0
37	1558.17	1.15×10^{-5}	0
38	1558.98	1.05×10^{-5}	0
39	1559.79	2.39×10^{-4}	0
40	1560.61	2.04×10^{-5}	0

369.3km40×10G 长距离光路子系统误码挂机测试（40 通道）24h31min 无误码，40×10Gbit/s 系统测试接收机误码分析如图 4-16 所示。

4.1.3　427km 40×10Gbit/s DWDM 双跨段超长距离光路子系统

4.1.3.1　系统结构

427km 40×10Gbit/s 超长距离光路子系统结构示意图如图 4-17 所示。该系统包含发送端的 40 波前向纠错编码模块、C band 40VMUX（每一通道具备光功率衰减可调功能）、EDFA-BA、Co-RFA；线路中包含线路掺铒光纤放大器 EDFA-LA；接收端包含 RFA、第一前置放大器 PA1、200kmDCF、第二前置放大器 PA2、160kmDCF、C band 40 波 DEMUX 和 40 波前向纠错解码模块。系统配置如下：

（1）发送端 40 路 10Gbit/s 业务信号进入 VMUX。

（2）信号从 VMUX 的合波端进入 BA 的输入端；经过前向拉曼放大器，40 波信号光和泵浦光共同进入第一段传输光纤。

（3）信号经过第一段 213.5km 光纤线路，进入线路 EDFA-LA。

（4）信号通过线路 EDFA-LA 实现信号放大。

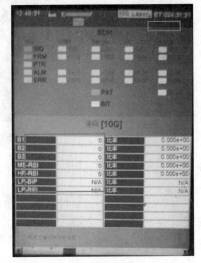

图 4-16　40×10Gbit/s 系统测试接收机误码分析

信号经过第二段 213.5km 光纤，到达 RFA 处，送入接收端的第一个 PA1 进行放大，接入 DCF，再进入第二个 PA2，放大后的信号再经过第二个 DCF，之后经过 DEMUX 送入接收端的接收单元。

4.1.3.2　测试设备

40×10Gbit/s 超长距离光路子系统测试设备如图 4-18 所示。

4.1.3.3　测试数据

40×10Gbit/s 双跨段超长距离光路子系统挂机测试的线路损耗为 76.1dB，线路长度约为 427.5km。

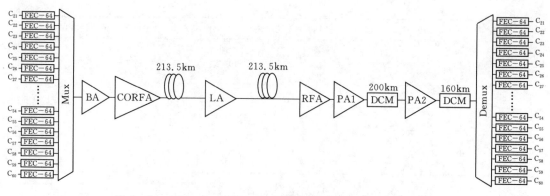

图 4-17　427km40×10Gbit/s 超长距离光路子系统结构示意图

图 4-18　40×10Gbit/s 超长距离光路子系统测试设备

在 40×10Gbit/s 超长距离传输光路子系统中，采用 FEC 编码前向纠错技术，可将错误码元进行纠正，对 40 波的 FEC 信号的客户侧及线路侧光模块进行输入输出光功率测试，数据见表 4-10。

表 4-10　　　　　　　　　　　40 波客户侧及线路侧光模块输入输出光功率

波道	客 户 侧		线 路 侧	
	输入光功率 /dBm	输出光功率 /dBm	输入光功率 /dBm	输出光功率 /dBm
1	−8.74	−1.12	−15.45	1.59
2	−8.18	−1.11	−14.6	1.38
3	−8.41	−1.06	−14.39	2.25
4	−8.41	−1.22	−14.47	1.17
5	−8.06	−0.65	−14.87	1.88

波道	客 户 侧		线 路 侧	
	输入光功率 /dBm	输出光功率 /dBm	输入光功率 /dBm	输出光功率 /dBm
6	−7.94	−0.28	−15.73	1.49
7	−8.63	−0.1	−14.32	2.34
8	−8.07	−0.31	−15.07	1.57
9	−8.21	−0.28	−17.03	2.22
10	−7.19	−0.93	−17.26	1.13
11	−7.6	−0.23	−13.99	1.44
12	−7.74	−0.15	−14.7	2.03
13	−7.53	−0.96	−16.16	2.03
14	−7.78	−1.36	−15.82	2.28
15	−7.53	−0.85	−16.09	2.03
16	−7.78	−1.39	−15.77	2.29
17	−7.11	−0.78	−16.68	1.64
18	−8.04	2.04	−14.47	2.51
19	−7.11	0.17	−15.39	2.07
20	−7.22	−1.17	−16.36	0.8
21	−7.36	−0.56	−15.77	2.18
22	−7.75	−0.87	−15.87	1.49
23	−7.2	−0.66	−16.99	2.33
24	−7.27	0.01	−15.7	1.97
25	−7.27	−0.39	−15.44	2.22
26	−7.27	−0.81	−15.09	2.44
27	−7.04	−0.39	−15.72	0.9
28	−7.62	−0.98	−17.67	2.16
29	−8.4	−0.66	−15.83	2.41
30	−8.06	−0.72	−16.33	2.1
31	−8.19	−0.96	−15.73	1.83
32	−8.24	−0.98	−16.97	1.47
33	−8.18	−0.76	−15.83	2.34
34	−8.2	−0.76	−15.26	2.12
35	−8.07	−0.73	−15.56	1.23

波道	客 户 侧		线 路 侧	
	输入光功率 /dBm	输出光功率 /dBm	输入光功率 /dBm	输出光功率 /dBm
36	−8.37	−0.35	−16.84	2.22
37	−6.97	−1.05	−16.23	1.94
38	−7.14	−0.7	−16.52	2.12
39	−6.82	0.04	−16.33	2.35
40	−6.91	−0.93	−19.17	2.14

　　BA 输入端和输出端的 40 波光信号的光谱图如图 4-19 和图 4-20 所示，BA 输入端和输出端 40 波的 OSNR 数据见表 4-11 和表 4-12，短波长的 OSNR 大于长波长的 OS-NR，由于需要保证短波长的光功率高于长波长的光功率，在光纤中传输时，受功率转移效应影响，短波长能量会向长波长转移。

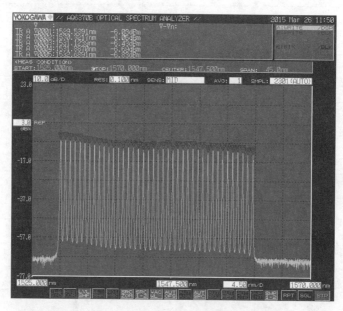

图 4-19　BA 输入端 40 波光信号的光谱图

表 4-11　　　　　　　　　　　　　　　BA 输入端 40 波的 OSNR

波道	波长 /nm	光功率 /dBm	OSNR /dB	波道	波长 /nm	光功率 /dBm	OSNR /dB
1	1529.547	−6.027	51.908	6	1533.468	−7.723	50.039
2	1530.328	−6.047	51.219	7	1534.256	−7.88	51.147
3	1531.116	−6.433	50.768	8	1535.035	−8.488	51.048
4	1531.895	−6.687	51.721	9	1535.817	−8.957	51.017
5	1532.684	−6.831	51.123	10	1536.609	−9.18	51.079

续表

波道	波长 /nm	光功率 /dBm	OSNR /dB	波道	波长 /nm	光功率 /dBm	OSNR /dB
11	1537.399	−9.718	51.015	26	1549.31	−10.493	50.72
12	1538.187	−9.995	50.948	27	1550.111	−10.246	50.521
13	1538.995	−10.082	51.037	28	1550.916	−10.262	51.536
14	1539.766	−10.207	50.859	29	1551.725	−10.386	51.313
15	1540.562	−9.829	51.095	30	1552.513	−10.609	51.256
16	1541.354	−9.859	51.352	31	1553.319	−12.369	49.981
17	1542.161	−10.19	51.117	32	1554.122	−11.009	50.678
18	1542.947	−11.029	50.613	33	1554.931	−11.246	50.412
19	1543.731	−10.969	50.656	34	1555.743	−11.324	50.682
20	1544.539	−10.133	51.329	35	1556.535	−11.237	50.654
21	1545.326	−11.03	50.405	36	1557.358	−12.125	50.284
22	1546.122	−10.379	51.231	37	1558.167	−11.808	50.178
23	1546.922	−9.707	51.837	38	1558.978	−12.074	49.96
24	1547.711	−10.957	50.477	39	1559.773	−13.137	50.068
25	1548.503	−10.178	51.417	40	1560.611	−13.355	50.805

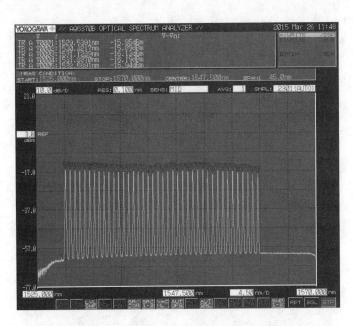

图 4 - 20 BA 输出端 40 波光信号的光谱图

表 4-12　　　　　　　　　　　　　BA 输出端 40 波的 OSNR

波道	波长/nm	光功率/dBm	OSNR/dB	波道	波长/nm	光功率/dBm	OSNR/dB
1	1529.548	−15.851	45.403	21	1545.326	−17.877	41.616
2	1530.328	−15.886	45.356	22	1546.121	−17.058	42.272
3	1531.115	−16.111	44.923	23	1546.923	−16.416	42.866
4	1531.895	−16.188	44.905	24	1547.711	−17.511	41.593
5	1532.683	−15.918	45.069	25	1548.502	−16.683	42.448
6	1533.468	−16.485	44.091	26	1549.31	−16.851	42.211
7	1534.257	−16.33	44.227	27	1550.111	−16.606	42.389
8	1535.036	−16.626	43.714	28	1550.916	−16.484	42.437
9	1535.818	−16.808	43.326	29	1551.724	−16.515	42.346
10	1536.608	−16.889	43.138	30	1552.513	−16.669	42.063
11	1537.398	−17.108	43.035	31	1553.318	−18.383	40.537
12	1538.187	−17.225	42.694	32	1554.122	−16.973	41.669
13	1538.995	−17.29	42.393	33	1554.931	−17.219	41.422
14	1539.764	−17.28	42.292	34	1555.743	−17.289	41.288
15	1540.562	−16.986	42.758	35	1556.536	−17.234	41.404
16	1541.353	−16.957	42.829	36	1557.358	−17.952	40.59
17	1542.162	−17.255	42.473	37	1558.168	−17.699	40.91
18	1542.947	−18.053	41.399	38	1558.977	−17.816	40.715
19	1543.731	−17.88	41.728	39	1559.773	−18.76	39.717
20	1544.539	−16.977	42.777	40	1560.611	−18.846	39.738

RFA 输入端 40 波光信号的光谱图如图 4-21 所示，40 波保持较好的功率平坦度，RFA 输入端 40 波的 OSNR 见表 4-13，短波长的 OSNR 最低为 14.2dB，长波长的

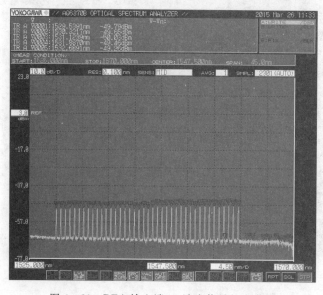

图 4-21　RFA 输入端 40 波光信号的光谱图

$OSNR$ 最高为 16.62dB。

表 4 - 13　　　　　　　　　　　　RFA 输入端 40 波的 $OSNR$

波道	波长 /nm	光功率 /dBm	$OSNR$ /dB	波道	波长 /nm	光功率 /dBm	$OSNR$ /dB
1	1529.547	−49.913	14.212	21	1545.325	−49.896	15.179
2	1530.328	−49.772	14.13	22	1546.122	−48.983	15.478
3	1531.115	−50.133	13.978	23	1546.923	−48.232	16.217
4	1531.896	−49.548	15.384	24	1547.712	−48.945	15.791
5	1532.683	−49.356	14.689	25	1548.503	−48.377	16.582
6	1533.467	−49.698	14.229	26	1549.311	−48.565	15.931
7	1534.256	−49.563	15.002	27	1550.112	−48.42	16.202
8	1535.034	−49.618	14.343	28	1550.917	−48.132	16.835
9	1535.817	−49.743	14.657	29	1551.723	−48.441	16.691
10	1536.61	−49.688	15.284	30	1552.511	−48.102	16.651
11	1537.398	−49.776	14.76	31	1553.32	−49.368	15.974
12	1538.186	−49.782	14.562	32	1554.121	−48.389	16.397
13	1538.995	−49.632	14.807	33	1554.933	−48.066	16.8
14	1539.765	−49.682	14.838	34	1555.743	−48.339	16.517
15	1540.562	−49.236	15.37	35	1556.536	−48.049	16.616
16	1541.353	−49.398	15.339	36	1557.357	−48.522	15.945
17	1542.161	−49.422	15.208	37	1558.166	−48.028	16.748
18	1542.948	−50.194	14.685	38	1558.976	−47.61	17.29
19	1543.731	−49.988	14.478	39	1559.775	−47.988	16.263
20	1544.539	−49.245	15.193	40	1560.611	−47.973	16.621

　　RFA 输出端 40 波光信号的光谱图如图 4 - 22 所示，40 波保持较好的功率平坦度，RFA 输出端 40 波的 $OSNR$ 见表 4 - 14，短波长的 $OSNR$ 最低为 14.47dB，长波长的

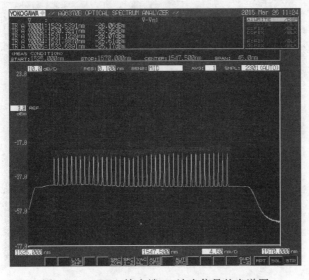

图 4 - 22　RFA 输出端 40 波光信号的光谱图

$OSNR$ 最高为 16.92dB。

表 4-14　　　　　　　　　　　　　　**RFA 输出端 40 波的 $OSNR$**

波道	波长/nm	光功率/dBm	$OSNR$/dB	波道	波长/nm	光功率/dBm	$OSNR$/dB
1	1529.548	−26.172	14.479	21	1545.327	−25.95	15.313
2	1530.329	−26.057	14.583	22	1546.121	−25.16	16.05
3	1531.116	−26.185	14.388	23	1546.923	−24.324	16.868
4	1531.895	−25.713	14.746	24	1547.709	−25.087	16.131
5	1532.683	−25.241	15.103	25	1548.505	−24.354	16.894
6	1533.467	−25.65	14.615	26	1549.311	−24.42	16.87
7	1534.254	−25.33	14.871	27	1550.112	−24.467	16.857
8	1535.033	−25.289	14.879	28	1550.917	−23.921	17.464
9	1535.816	−25.467	14.751	29	1551.722	−24.509	16.942
10	1536.609	−25.502	14.842	30	1552.512	−24.045	17.443
11	1537.398	−25.654	14.872	31	1553.319	−25.644	15.864
12	1538.186	−25.871	14.834	32	1554.121	−24.382	17.144
13	1538.992	−26.028	14.835	33	1554.93	−24.379	17.183
14	1539.765	−25.86	15.128	34	1555.743	−24.254	17.32
15	1540.561	−25.727	15.366	35	1556.537	−24.157	17.385
16	1541.354	−25.314	15.861	36	1557.357	−24.352	17.107
17	1542.161	−25.971	15.25	37	1558.167	−23.844	17.513
18	1542.948	−26.656	14.592	38	1558.976	−23.654	17.6
19	1543.731	−26.363	14.916	39	1559.773	−24.097	17.085
20	1544.539	−25.547	15.744	40	1560.61	−24.229	16.928

　　PA 输出端的 40 波的光谱图如图 4-23 所示，40 波保持较好的功率平坦度，PA 输出端 40 波的 $OSNR$ 见表 4-15，短波长的 $OSNR$ 最低为 11dB，长波长的 $OSNR$ 最高为 13.5dB。

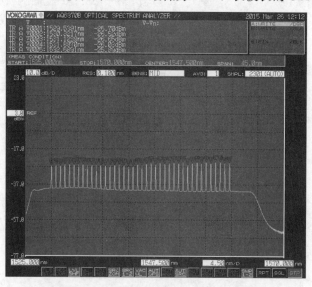

图 4-23　PA 输出端的 40 波光谱图

表 4-15　　　　　　　　　　　　　　PA 输出端 40 波的 *OSNR*

波道	波长 /nm	光功率 /dBm	*OSNR* /dB	波道	波长 /nm	光功率 /dBm	*OSNR* /dB
1	1529.548	−26.939	11.008	21	1545.326	−26.702	12.013
2	1530.33	−26.751	11.16	22	1546.122	−25.787	12.882
3	1531.116	−26.894	10.941	23	1546.923	−25.039	13.618
4	1531.895	−26.245	11.484	24	1547.709	−26.211	12.472
5	1532.685	−26.103	11.526	25	1548.504	−25.218	13.508
6	1533.47	−26.557	11.018	26	1549.311	−25.659	13.11
7	1534.256	−26.138	11.408	27	1550.112	−25.348	13.46
8	1535.036	−26.335	11.218	28	1550.917	−25.092	13.782
9	1535.817	−26.456	11.166	29	1551.723	−25.336	13.607
10	1536.611	−26.475	11.301	30	1552.512	−24.977	14.018
11	1537.398	−26.673	11.302	31	1553.32	−26.381	12.636
12	1538.186	−26.756	11.406	32	1554.121	−25.341	13.694
13	1538.995	−26.86	11.461	33	1554.93	−24.747	14.319
14	1539.764	−26.705	11.741	34	1555.743	−25.405	13.684
15	1540.563	−26.675	11.879	35	1556.536	−24.976	14.083
16	1541.353	−26.213	12.419	36	1557.358	−25.479	13.51
17	1542.162	−26.787	11.889	37	1558.167	−24.664	14.239
18	1542.947	−27.29	11.414	38	1558.977	−24.496	14.327
19	1543.731	−27.15	11.581	39	1559.774	−25.337	13.427
20	1544.538	−26.091	12.654	40	1560.612	−25.224	13.527

4.1.3.4　结果分析

$40 \times 10Gbit/s$ 系统 FEC 线路侧纠错前后误码率见表 4-16，40 个通道的纠后误码率均为 0，当前系统可实现无误码传输。

表 4-16　　　　　　　$40 \times 10Gbit/s$ 系统 FEC 线路侧纠错前后误码率

波道	波长/nm	线路侧纠错前误码率	线路侧纠错后误码率
1	1529.55	4.88×10^{-5}	0
2	1530.33	5.39×10^{-5}	0
3	1531.12	5.38×10^{-5}	0
4	1531.9	9.22×10^{-5}	0
5	1532.68	9.58×10^{-6}	0
6	1533.47	2.64×10^{-5}	0
7	1534.25	7.92×10^{-5}	0
8	1535.04	2.18×10^{-4}	0

续表

波道	波长/nm	线路侧纠错前误码率	线路侧纠错后误码率
9	1535.82	1.17×10^{-4}	0
10	1536.61	6.73×10^{-5}	0
11	1537.4	1.80×10^{-5}	0
12	1538.19	7.47×10^{-6}	0
13	1538.98	1.20×10^{-4}	0
14	1539.77	2.15×10^{-5}	0
15	1540.56	7.37×10^{-5}	0
16	1541.35	8.86×10^{-5}	0
17	1542.14	1.28×10^{-4}	0
18	1542.94	1.68×10^{-4}	0
19	1543.73	2.40×10^{-4}	0
20	1544.53	7.28×10^{-5}	0
21	1545.32	1.29×10^{-4}	0
22	1546.12	1.04×10^{-4}	0
23	1546.92	1.15×10^{-5}	0
24	1547.72	2.96×10^{-5}	0
25	1548.51	9.54×10^{-5}	0
26	1549.32	4.98×10^{-5}	0
27	1550.12	1.31×10^{-4}	0
28	1550.92	4.75×10^{-6}	0
29	1551.72	5.74×10^{-5}	0
30	1552.52	1.45×10^{-4}	0
31	1553.33	1.21×10^{-5}	0
32	1554.13	3.44×10^{-5}	0
33	1554.94	3.35×10^{-5}	0
34	1555.75	2.31×10^{-5}	0
35	1556.55	1.62×10^{-6}	0
36	1557.36	2.58×10^{-6}	0
37	1558.17	1.15×10^{-5}	0
38	1558.98	1.05×10^{-5}	0
39	1559.79	2.39×10^{-4}	0
40	1560.61	2.04×10^{-5}	0

369.3km 40×10Gbit/s 长距离系统误码挂机测试（40 通道）15h45min 无误码，40×10Gbit/s 系统误码仪表测试配置如图 4-24 所示。

4.1.3.5　设备运行状态

　　为了更好地了解 40 路 10Gbit/s 业务光信号的传输性能，本次测试对 40 路信号的客户侧和线路侧进行了实时网管监控，记录了每一通道的客户侧的 1310nm 光模块的输出光功率和接收光功率，以及每一路线路侧不同波长光模块的输出光功率和接收光功率。在网管界面中可以实时查看每一通道接收端的纠错前误码率，经过系统调试后，保证每一通道的纠错后误码率为零，完全实现 40 通道 10Gbit/s 业务的无误码传输。40×10Gbit/s 系统 40 通道运行状态如图 4-25～图 4-44 所示。

　　本次试验采用了发送端 40 波可调衰减合波技术，通过有效调节不同波长的输出光功率，可以较好地控制系统接收端的光功率平坦度和 OSNR 的平坦度，C21～C54 和 C26～C60 40 波的不同衰减和输出功率如图 4-45 和图 4-46 所示。

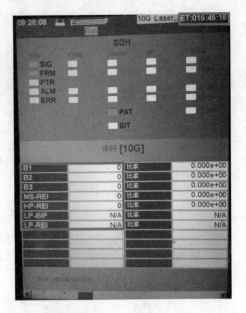

图 4-24　40×10Gbit/s 系统
误码仪表测试配置

　　本试验完成了全部设备平台搭建和系统调试，从测试性能参数（系统误码率、FEC 纠错率、光信噪比 OSNR）可以看出，系统各项技术指标上可以保障系统的功能和性能满足实际应用需求。

　　在超长距离多波传输系统中，采用双向拉曼技术和线路放大器技术可以增大系统传输跨距。对于已有的传输系统，采用该放大技术，可以改善系统的传输性能，有利于系统的高速率大容量平滑升级。

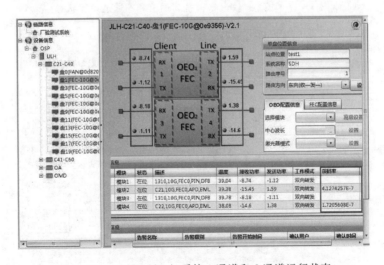

图 4-25　40×10Gbit/s 系统 1 通道和 2 通道运行状态

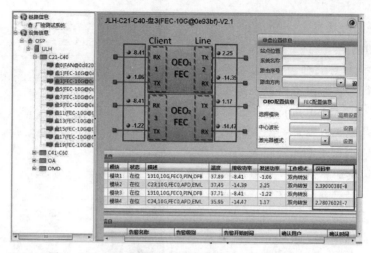

图 4 - 26　40×10Gbit/s 系统 3 通道和 4 通道运行状态

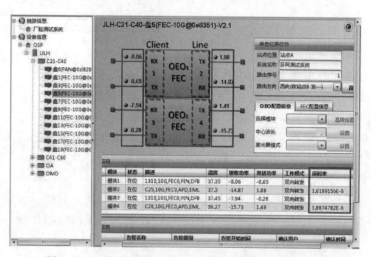

图 4 - 27　40×10Gbit/s 系统 5 通道和 6 通道运行状态

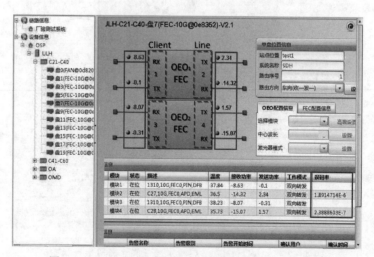

图 4 - 28　40×10Gbit/s 系统 7 通道和 8 通道运行状态

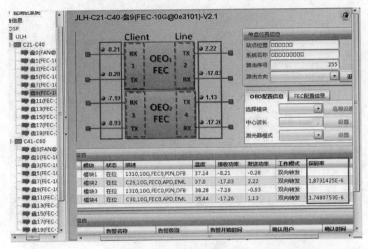

图 4-29 40×10Gbit/s 系统 9 通道和 10 通道运行状态

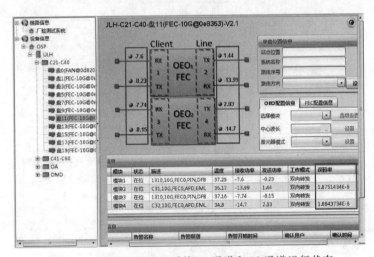

图 4-30 40×10Gbit/s 系统 11 通道和 12 通道运行状态

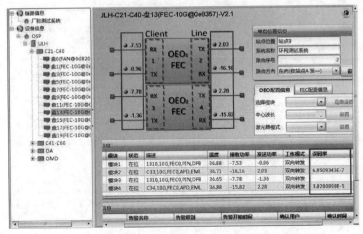

图 4-31 40×10Gbit/s 系统 13 通道和 14 通道运行状态

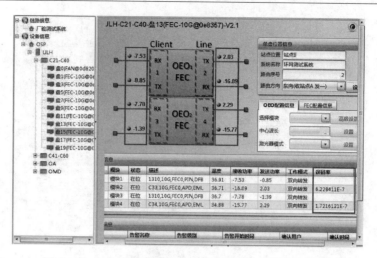

图 4 - 32　40×10Gbit/s 系统 15 通道和 16 通道运行状态

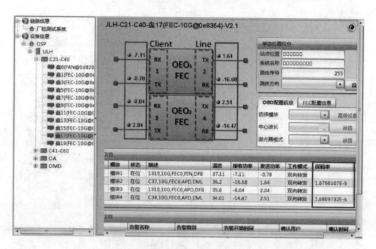

图 4 - 33　40×10Gbit/s 系统 17 通道和 18 通道运行状态

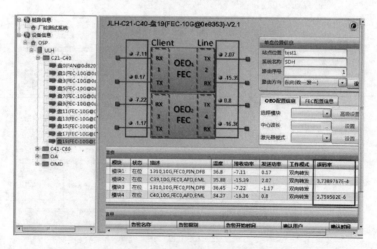

图 4 - 34　40×10Gbit/s 系统 19 通道和 20 通道运行状态

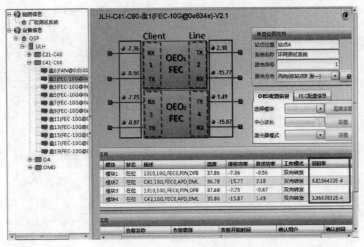

图 4-35　40×10Gbit/s 系统 21 通道和 22 通道运行状态

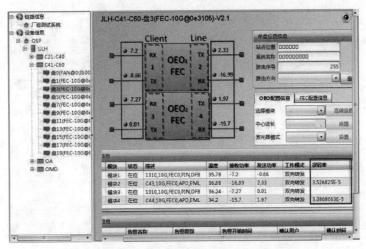

图 4-36　40×10Gbit/s 系统 23 通道和 24 通道运行状态

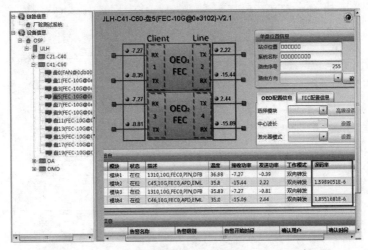

图 4-37　40×10Gbit/s 系统 25 通道和 26 通道运行状态

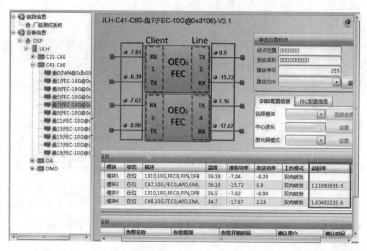

图 4-38　40×10Gbit/s 系统 27 通道和 28 通道运行状态

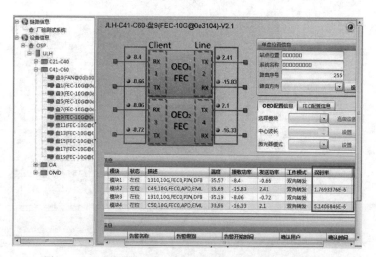

图 4-39　40×10Gbit/s 系统 29 通道和 30 通道运行状态

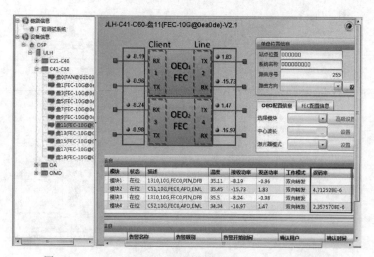

图 4-40　40×10Gbit/s 系统 31 通道和 32 通道运行状态

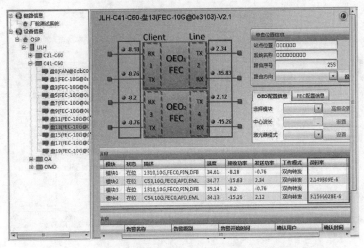

图 4-41　40×10Gbit/s 系统 33 通道和 34 通道运行状态

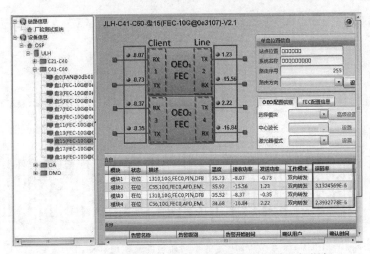

图 4-42　40×10Gbit/s 系统 35 通道和 36 通道运行状态

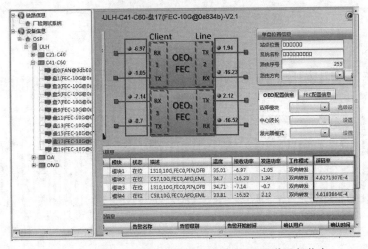

图 4-43　40×10Gbit/s 系统 37 通道和 38 通道运行状态

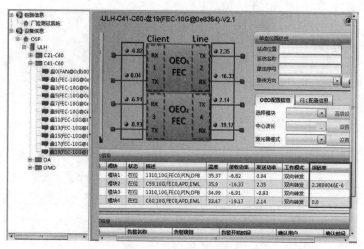

图 4 - 44　40×10Gbit/s 系统 39 通道和 40 通道运行状态

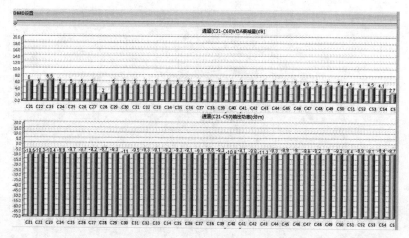

图 4 - 45　40×10Gbit/s 系统 VMUX 的不同通道的衰减值和输出光功率（C21～C54）

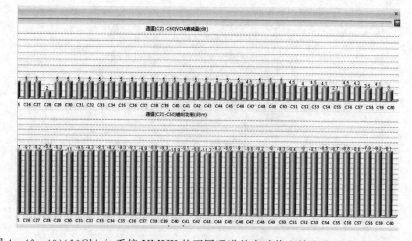

图 4 - 46　40×10Gbit/s 系统 VMUX 的不同通道的衰减值和输出光功率（C26～C60）

4.2 100G OTN 超长距离光传输系统建设

构建全球能源互联网的基础是特高压电网，而特高压电网因自身的特点需要较大的无中继跨段，一直以来，主要以 2.5Gbit/s、10Gbit/s 传输速率的超长单跨段 SDH 组网来实现信息传递。随着国家电网能源互联网战略的实施，特高压电网作为能源互联的骨干网，在传送能源的同时，还需要传送大量的业务控制信息，与当今的互联网骨干一样，对带宽的需求将出现爆发式的增长，2.5Gbit/s、10Gbit/s 系统也将面临着极大的挑战。而且随着电力系统中特高压交直流电网的建设，输电线路变电站之间的传输距离越来越远，与输电线路同步搭建的光纤通信网也面临着超长站距传输的考验。因此，在今后特高压电网建设中，建设 100Gbit/s 高速大容量超长距离无中继光传输系统有利于推进全国智能电网建设，构建全球能源互联网。

4.2.1 289km 单波 100Gbit/s 系统

4.2.1.1 系统结构

单波 100Gbit/s 长距离传输系统结构如图 4-47 所示。发送端 1 路 100G OTU 信号（经过 SD-FEC 软判决编码）进入 40km 的 DCM-F 进行色散预补偿，再进入 BA（OA481421）和前向拉曼放大器（型号为 CoRFA10）。

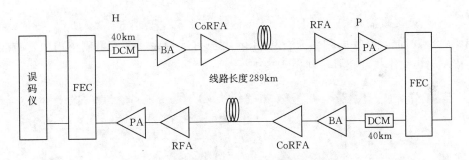

图 4-47 单波 100Gbit/s 长距传输系统结构图

传输线路光纤长度为 289km，然后进入后向拉曼放大器（RFA18）和接收端的 PA（OA482221）进行接收机前的光放大。放大后的信号最终经过起滤波器作用的 DEMUX 送入接收端的 100G OTU 接收单元（经过 SD-FEC 软判决解码）。

4.2.1.2 测试设备

本系统测试设备同 4.1.1 节的测试设备。

4.2.1.3 测试数据

H 站至 P 站方向的线路损耗为 56.21dB，P 站至 H 站方向的线路损耗为 55.76dB。H 站的前向拉曼 CoRFA 在光泵情况下的输出功率为 1.47dB，后向拉曼的 RFA 输入功率为 -37.6dB，P 站的 CoRFA 关泵时 RFA 输入功率为 -56.64dB。

4.2.1.4　结果分析

误码仪挂机测试 18h 7min，此时间段内无误码，满足项目预期目标。

4.2.1.5　设备运行状态

1. H 站

（1）本站点发送端 EDFA - BA 与 CoRFA 的运行状态信息如图 4 - 48 所示。BA 输出功率为 4dBm；CoRFA 泵浦输出功率为 28.7dBm，其反射功率为 -2.9dBm，因此当前反射率高于反射阈值门限，拉曼正常开泵。

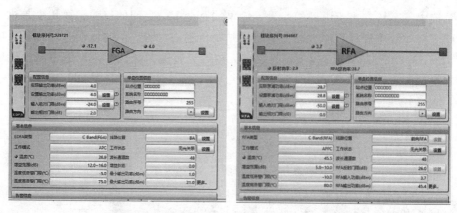

图 4 - 48　EDFA - BA 与 CoRFA 运行状态

（2）本站点接收端 RFA 与 EDFA - PA 的运行状态信息如图 4 - 49 所示。RFA 泵浦输出功率为 28.7dBm，其反射功率为 -3.1dBm，当前反射率高于反射阈值门限，拉曼正常开泵，PA 输出功率均在正常工作范围内。

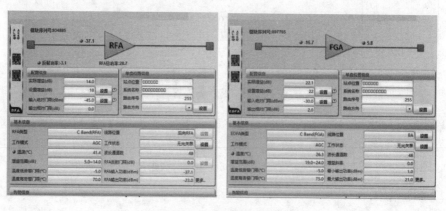

图 4 - 49　RFA 与 EDFA - PA 运行状态

2. P 站

（1）本站点发送端 EDFA - BA 与 CoRFA 的运行状态信息如图 4 - 50 所示。BA 输出功率为 3.3dBm，CoRFA 泵浦输出功率为 28.7dBm，其反射功率为 -3dBm，当前反射率高于反射阈值门限，拉曼正常开泵。

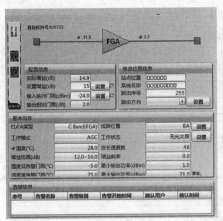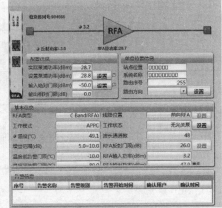

图 4 - 50 EDFA - BA 与 CoRFA 运行状态

（2）本站点接收端 RFA 与 EDFA - PA 的运行状态如图 4 - 51 所示。RFA 泵浦输出功率为 28.3dBm，其反射功率为 -3.9dBm，当前反射率高于反射阈值门限，拉曼正常开泵，EDFA - PA 输出功率均在正常工作范围内。

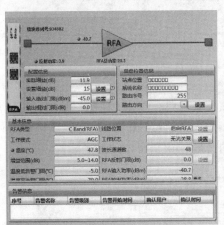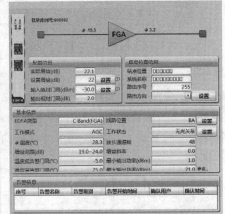

图 4 - 51 RFA 与 EDFA - PA 运行状态

4.2.2 398km 单波 100Gbit/s 系统——XJ 站～ZL 站工程

4.2.2.1 试验设备和测试仪表

本次实验室测试所用试验设备和测试仪表见表 4 - 17 和表 4 - 18。

表 4 - 17　　　　　　　　　　试　验　设　备

设备名称	设备型号	设备名称	设备型号
Muxponder 单盘	OEO4E10X10G	CoRFA12	RFAC3412CO
2km SFP+光模块	OEO - C - Mod - 64S - 22 - 1310	远程泵浦单元	RPU - P30C34
EDFA - BA	OBA17	前向增益单元	RGU - G18C34A2CO

续表

设备名称	设备型号	设备名称	设备型号
EDFA - PA	OPA25	后向增益单元	RGU - G18C34A2
DCM - 60	DCM - C34 - 60		

表 4 - 18　　　　　测 试 仪 表

仪表名称	仪表型号	仪表名称	仪表型号
10G 误码仪	EXFO FTB - 2 Pro	高灵敏度光功率计	PMSⅡ - B
高功率光功率计	PMSⅡ - A	光纤端面检测仪	OFFM - FVO

1. Muxponder

100G Muxponder 如图 4 - 52 所示，它可实现将 10 路 10GE 业务映射到 ODU2，再将 10 路 ODU2 复用成 ODU4，在加入硬判决编码信息后变成 OTU4，最后通过 100G 相干 MSA 模块传输，该复用单盘支持双向业务转换。

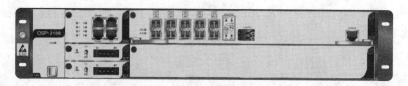

图 4 - 52　100G Muxponder

2. 二阶前向拉曼放大器

二阶前向拉曼放大器如图 4 - 53 所示，该设备整机是一个 2U 机框结构，可适用 19 英寸和 21 英寸机架。该设备具有两个业务板卡：13×× nm 泵浦板卡和 14×× nm 泵浦板卡。该设备输出的泵浦光与输入的信号光同向传输，用于系统的发送端。

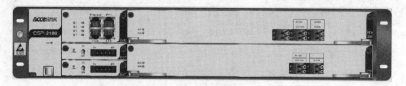

图 4 - 53　二阶前向拉曼放大器

3. 后向 RPU

后向随路 RPU 如图 4 - 54 所示，它与放在线路中的 RGU 共同构成 ROPA，RPU 主要用于为 RGU 提供远程泵浦光和对 RGU 输出的信号光进行分布式拉曼放大。

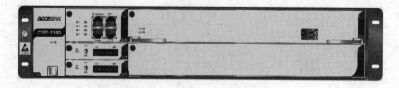

图 4 - 54　后向随路 RPU

4. OBA、OPA 和 DCM（2U）

两个站点的光放子框如图 4-55 所示，包含有备用的 OBA 和 OPA、DCM-C34-60 和 HUB。

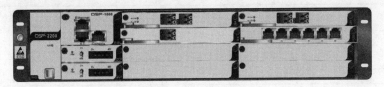

图 4-55　光放子框

4.2.2.2　实验 1：100G 随路遥泵传输试验

实验室搭建的 100G 随路遥泵传输试验系统如图 4-56 所示。在 A 站点将 Muxponder 客户侧串联起来并与 10G 误码仪光口对接，在 B 站点则将 Muxponder 客户侧自环，光放设备采用前向二阶拉曼放大器、前后向随路遥泵放大器。

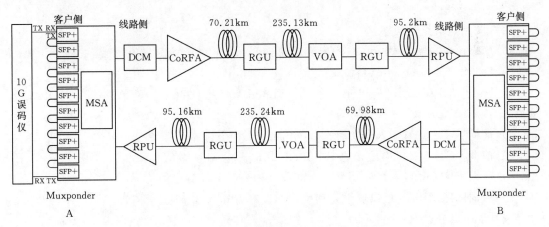

图 4-56　100G 随路遥泵传输试验系统图

1. 试验系统配置

（1）A 站点设备配置。

1）二阶 CoRFA 泵浦设置功率见表 4-19。

表 4-19　　　　　　　　　　　　二阶 CoRFA 泵浦设置功率

	泵浦 1 设置功率	泵浦 2 设置功率	泵浦 3 设置功率	泵浦 4 设置功率
一阶泵浦 14××	162mW	159mW	161mW	165mW
二阶泵浦 13××	256mW	245mW	257mW	262mW

2）随路 RPU 泵浦设置功率见表 4-20。

表 4-20　　　　　　　　　　　　随路 RPU 泵浦设置功率

	泵浦 1 设置功率	泵浦 2 设置功率	泵浦 3 设置功率	泵浦 4 设置功率
随路 RPU	212mW	215mW	216mW	217mW

（2）B 站点设备配置

1）二阶 CoRFA 泵浦设置功率见表 4 - 21。

表 4 - 21　　　　　　　　　　　二阶 CoRFA 泵浦设置功率

	泵浦 1 设置功率	泵浦 2 设置功率	泵浦 3 设置功率	泵浦 4 设置功率
一阶泵浦 14××	162mW	159mW	161mW	165mW
二阶泵浦 13××	239mW	240mW	242mW	237mW

2）随路 RPU 泵浦设置功率见表 4 - 22。

表 4 - 22　　　　　　　　　　　随路 RPU 泵浦设置功率

	泵浦 1 设置功率	泵浦 2 设置功率	泵浦 3 设置功率	泵浦 4 设置功率
随路 RPU	216mW	214mW	215mW	216mW

2. 测试数据

（1）A 站点节点光功率：

1）Muxponder 线路侧 out 口输出光功率：2.3dBm（OPM 测量值）。

2）DCM - C34 - 60 out 口输出光功率：—11.3dBm（OPM 测量值）。

3）2nd CoRFA out 口输出光功率：—12.0dBm（此时 2nd CoRFA 关泵）（OPM 测量值）。

4）前向 RGU in 口输入光功率：4.05dBm（OPM 测量值）。

5）前向 RGU out 口输出光功率：10.25dBm（OPM 测量值）。

6）后向 RGU in 口输入光功率：—36.39dBm（OPM 测量值）。

7）后向随路 RPU out 口输出光功率：—6.25dBm（OPM 测量值）。

（2）B 站点节点光功率：

1）Muxponder 线路侧 out 口输出光功率：1.8dBm（OPM 测量值）。

2）DCM - C34 - 60 out 口输出光功率：—11.62dBm（OPM 测量值）。

3）2nd CoRFA out 口输出光功率：—12.12dBm（此时 2nd CoRFA 关泵，OPM 测量值）。

4）前向 RGU in 口输入光功率：4.21dBm（OPM 测量值）。

5）前向 RGU out 口输出光功率：10.31dBm（OPM 测量值）。

6）后向 RGU in 口输入光功率：—36.53dBm（OPM 测量值）。

7）后向随路 RPU out 口输出光功率：—6.53Bm（OPM 测量值）。

（3）线路损耗：

1）A 站至 B 站：线路长度 400.54km＋5dB VOA 衰减值，线路损耗：75.92dB。

2）B 站至 A 站：线路长度 400.38km＋5dB VOA 衰减值，线路损耗：75.85dB。

3. 测试结果

通过网管查看 Muxponder HD - FEC 纠错前误码率≤1.6×10⁻³；误码仪挂机≥24h，无误码，误码仪挂机结果如图 4 - 57 所示。通过本试验，实现了 100G 超 400km 的超长距

170

传输，验证了项目技术方案的可行性。

4.2.2.3　实验 2：100G 随旁路遥泵传输试验

实验室搭建的 100G 随旁路遥泵系统传输框图如图 4-58 所示。在 A 站点将 Mux-ponder 客户侧串联起来并与 10G 误码仪光口对接，在 B 站点则将 Muxponder 客户侧自环，光放设备采用二阶前向拉曼放大器、前后向随旁路 RGU、二阶后向随路远程增益单元和旁路远程增益单元。

图 4-57　误码仪挂机结果

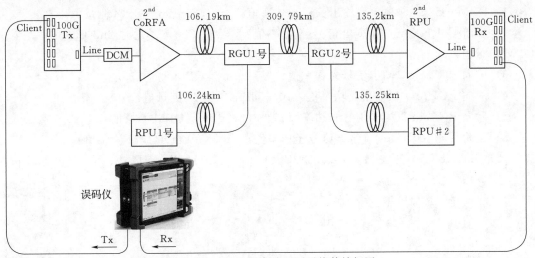

图 4-58　100G 随旁路遥泵系统传输框图

1. 试验系统配置

（1）2nd CoRFA 泵浦设置功率见表 4-23。

表 4-23　　　　　　　　　　　2nd CoRFA 泵浦设置功率

	泵浦 1 设置功率	泵浦 2 设置功率	泵浦 3 设置功率	泵浦 4 设置功率
一阶泵浦 14××	0mW	2mW	244mW	235mW
二阶泵浦 13××	430mW	416mW	472mW	432mW

（2）2nd RPU 泵浦设置功率见表 4-24。

表 4-24　　　　　　　　　　　2nd RPU 泵浦设置功率

	泵浦 1 设置功率	泵浦 2 设置功率	泵浦 3 设置功率	泵浦 4 设置功率
一阶泵浦 14××	186mW	187mW	187mW	184mW
二阶泵浦 13××	414mW	405mW	412mW	403mW

（3）CoRPU 泵浦设置功率见表 4-25。

表 4 - 25　　　　　　　　　　　　　CoRPU 泵浦设置功率

	泵浦 1 设置功率	泵浦 2 设置功率	泵浦 3 设置功率	泵浦 4 设置功率
CoRPU	355mW	340mW	308mW	309mW

（4）RPU 泵浦设置功率见表 4 - 26。

表 4 - 26　　　　　　　　　　　　　RPU 泵浦设置功率

	泵浦 1 设置功率	泵浦 2 设置功率	泵浦 3 设置功率	泵浦 4 设置功率
RPU	325mW	310mW	325mW	346mW

2. 测试数据

（1）节点光功率值：

1）DCM - C34 - 60 out 口输出信号光功率值：-11.85dBm（OPM 测量值）。

2）二阶 CoRFA out 口输出信号光功率值：-12.22dBm（此时 2nd CoRFA 关泵，OPM 测量值）。

3）前向 RGU in 口输出信号光功率值：0.12dBm（OPM 测量值）。

4）前向 RGU out 口输出光功率值：10.86dBm（OPM 测量值）。

5）后向 RGU in 口输出信号光功率值：-38.13dBm（OPM 测量值）。

6）二阶后向 RPU out 口输出信号光功率值：-5.86dBm（OPM 测量值）。

（2）2nd CoRFA 开关增益：29.38dB（P_{CoRFAon}：0.12dBm，P_{CoRFAoff}：-29.26dBm，$G_{\text{CoRFAon-off}} = P_{\text{CoRFAon}} - P_{\text{CoRFAoff}} = 29.38\text{dB}$）。

（3）前向 RGU 增益：10.74dB。（$G_{\text{前向 RGU}} = P_{\text{前向 RGU out}} - P_{\text{前向 RGU in}} = 10.86 - 0.12 = 10.74\text{dBm}$）

（4）线路损耗：传输光纤长度 551.18dB，线路损耗 87.34dB。

3. 测试结果

100Gbit/s 随旁路遥泵传输系统纠前误码率≤1.8×10^{-3}；误码仪挂机≥24h，无误码，误码仪挂机结果如图 4 - 59 所示。

图 4 - 59　误码仪挂机结果

4.2.2.4　系统结构

ZL 站 - XJ 站 100G 工程试验系统框图如图 4 - 60 所示，该项目采用 100G Muxponder ＋ 2nd CoRFA ＋前、后向随路 ROPA 配置，实现客户侧接入 $10 \times 10\text{Gbit/s}$ 信号，线路侧输出单波长 100G 信号，并实现超 400km 的超长距传输。在 XJ 站，将 Muxponder 客户侧端口串联，并接入到 10G SDH 板卡；在 ZL 站，将 Muxponder 客户侧端口自环，通过这种方式来实现业务的满配。XJ 站～ZL 站方向主用线路使用 10 号纤芯，备用线路使用 12 号纤芯；ZL 站～XJ 站方向主用线路使用 9 号纤芯，备用线路使用 11 号纤芯。XJ 站～ZL 站方向前向 RGU 安装在 1221 号铁塔上，后向 RGU 安装在 171 号铁塔上；ZL 站～XJ 站方向前向 RGU 安装在 138 号铁塔上，后向 RGU 安装在 963 号铁塔上。

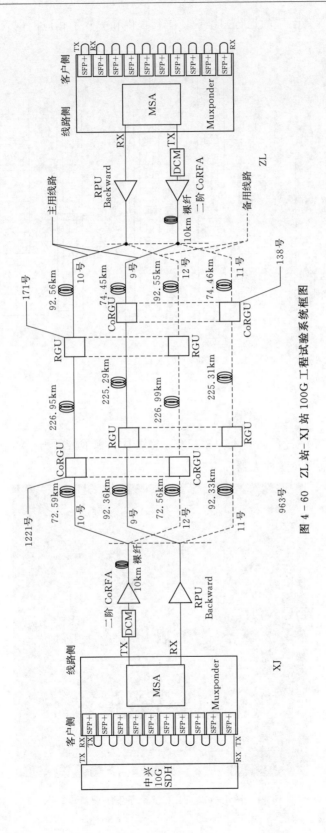

图 4-60 ZL 站-XJ 站 100G 工程试验系统框图

为了更好地保障系统的运行与维护,工程提供和配置了相应的网管系统,设备组网如图 4-61 所示。

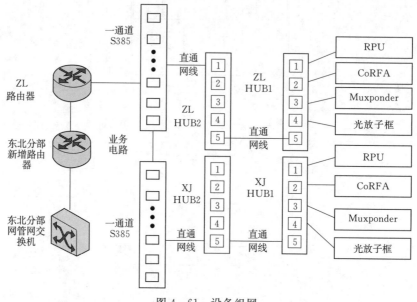

图 4-61　设备组网

4.2.2.5　测试设备

1. ZL 站

ZL 站光路子系统设备如图 4-62 所示。设备从上到下依次为 100G Muxponder、色散补偿单元、二阶前向拉曼放大器和 RPU。

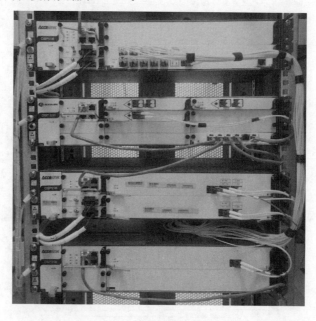

图 4-62　ZL 站光路子系统设备

2. XJ站

XJ站传输设备为SDH设备-S385，如图4-63所示。

图4-63　XJ站传输设备

XJ站光路子系统设备如图4-64所示。

图4-64　XJ站光路子系统设备

4.2.2.6　测试结果

1. 部分节点光功率

（1）ZL 站部分节点光功率：

Muxponder 线路侧 out 口输出光功率：2.35dBm（OPM 测量值）。

DCM－C34－60 out 口输出光功率：－11.3dBm（OPM 测量值）。

2nd CoRFA out 口输出光功率：－12.2dBm（此时 2nd CoRFA 关泵 OPM 测量值）。

后向随路 RPU out 口输出光功率：－4dBm（OPM 测量值）。

（2）XJ 站关键节点光功率：

Muxponder 线路侧 out 口输出光功率：2.25dBm（OPM 测量值）。

DCM－F－60 out 口输出光功率：－9.46dBm（OPM 测量值）。

2nd CoRFA out 口输出光功率：－9.84dBm（此时 2nd CoRFA 关泵，OPM 测量值）。

后向随路 RPU out 口输出光功率：－6.8dBm（OPM 测量值）。

2. 线路长度

XJ 站至 ZL 站方向线路长度：392.1km 的 ULL 光缆＋10.12km 裸光纤，线路总损耗 71.89dB。

ZL 站至 XJ 站方向线路长度：392.1km 的 ULL 光缆＋10.32km 裸光纤，线路总损耗 71.94dB。

图 4-65　误码仪测试结果

3. FEC 误码性能

（1）ZL 站 100G Muxponder 纠前误码率：0；纠后误码率：0（网管显示值）。

（2）XJ 站 100G Muxponder 纠前误码率：0；纠后误码率：0（网管显示值）。

（3）误码仪测试结果：使用 EXFO FTB－1 误码仪挂机 3 天 15h 无误码，误码仪测试结果如图 4－65 所示。

4.2.2.7　结果分析

ZL 站～XJ 站 100G 超长距离光传输技术在本工程中使用 ZL 站～XJ 站 ULL OPGW 光缆的 9 号和 10 号芯，实现了 100Gbit/s 超 400km 的超长距传输。其中，ZL 站 100Gbit/s Muxponder HD－FEC 纠错前误码率为 0，纠错后误码率为 0；XJ 站 100Gbit/s Muxponder HD－FEC 纠错前误码率为 0，纠错后误码率为 0；各节点光功率值均正常；通过误码仪测试 3 天 15h 无误码。将试验系统与 10G SDH 对接，系统稳定运行。

4.2.2.8　设备运行状态

1. ZL 站

（1）100Gbit/s Muxponder 运行状态如图 4－66 所示。可以看出，Muxponder 线路侧

和客户侧收光功率和发光功率均正常，FEC 纠错前误码率为零，纠错后误码率为零。

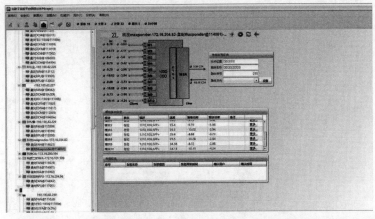

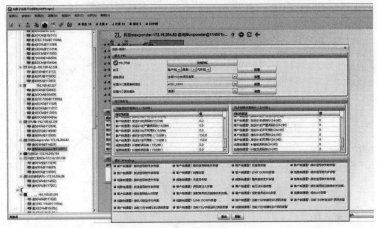

图 4 - 66　100Gbit/s Muxponder 运行状态

（2）二阶 CoRFA 是由 13××nm 和 14××nm 波长两个泵浦单元组成。其中，二阶 CoRFA 13××nm 泵浦单元运行状态如图 4 - 67 所示。13××nm 泵浦单元接收光功率和反射光功率正常，输出泵浦光功率 30.1dBm；二阶 CoRFA14××nm 泵浦单元运行状态如图 4 - 68 所示，14××nm 泵浦单元接收信号光功率和反射光功率正常，输出泵浦光功率 28.1dBm。

（3）RPU 运行状态如图 4 - 69 所示。其反射光功率正常，反向输出泵浦光功率 29.1dBm，输出信号光功率 - 4dBm。

2. XJ 站

（1）100Gbit/s Muxponder 运行状态如图 4 - 70 所示。可以看出，Muxponder 线路侧和客户侧接收光功率和发送光功率均正常，FEC 纠错前误码率为零，纠错后误码率为零。

（2）二阶 CoRFA 是由 13××nm 和 14××nm 波长两个泵浦单元组成。其中，二阶 CoRFA 13××nm 泵浦单元运行状态如图 4 - 71 所示。13××nm 泵浦单元接收光功率和反射光功率正常，输出泵浦光功率 30.0dBm；二阶 CoRFA 14××nm 泵浦单元运行状态如图 4 - 72 所示，14××nm 泵浦单元接收信号光功率和反射光功率正常，输出泵浦光功率 28.1dBm。

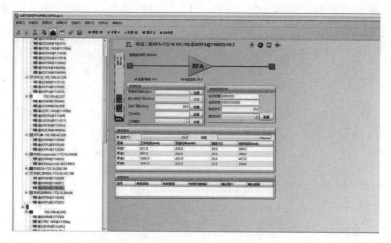

图 4 - 67　二阶 CoRFA 13××nm 泵浦单元运行状态

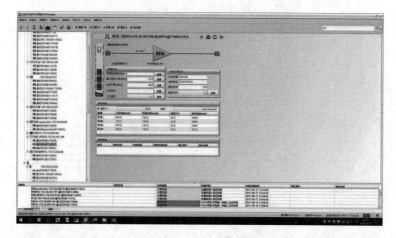

图 4 - 68　二阶 CoRFA 14××nm 泵浦单元运行状态

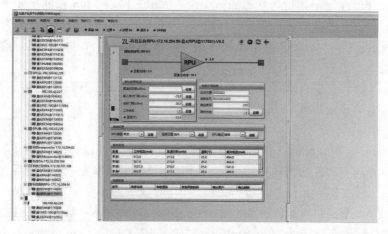

图 4 - 69　RPU 运行状态

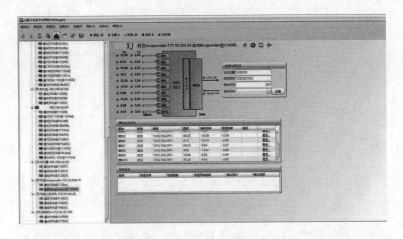

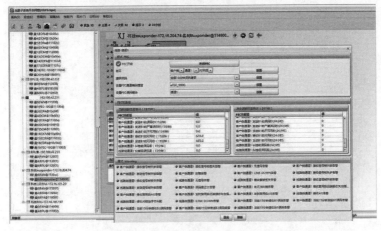

图 4-70 100Gbit/s Muxponder 运行状态

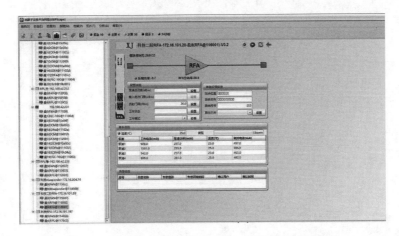

图 4-71 二阶 CoRFA 13××nm 泵浦单元运行状态

（3）RPU 运行状态如图 4-73 所示。其反射光功率正常，反向输出泵浦光功率 29.3dBm，输出信号光功率 -6.8dBm。

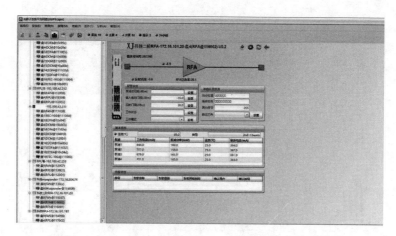

图 4-72　二阶 CoRFA 14××nm 泵浦单元运行状态

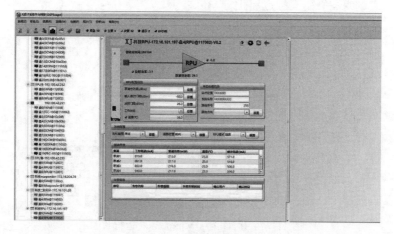

图 4-73　RPU 运行状态

第 5 章　电力超长距离光传输系统施工及日常运维

与传统光通信设备施工运维不同，超长距离光传输系统对施工安全和工艺方面的要求更高，运行维护的难度更大，对遥泵、拉曼等大功率放大器的安装、调试以及故障处理方面更需要格外关注。本章主要介绍超长距离光路子系统施工方法、日常运维工作以及典型故障处理，重点介绍遥泵、拉曼放大器在安装及运维工程中需要注意的要点。

5.1　通信设备施工工程安全隐患和安全管理概述

通信设备工程在施工的过程中会牵扯到许多安全因素，针对这些安全要素进行管理的行为就是安全管理。这一管理行为的主要对象是工程建设的相关部门，其包括行业管理和企业管理两部分，前者由行政主管部门负责，后者由建设活动主体自身进行。对通信设备工程的施工进行安全管理有四方面的意义：①帮助企业迅速构建起长期的安全保证机制，有利于企业的长期发展；②提高安全管理的基础水平，通过积累安全管理经验，令实际的安全管理工作能够全面化、具体化；③减少实际发生的各类通信工程安全事故，保证施工人员的生命安全，有效避免施工单位的经济损失；④安全管理能令通信设备工程的投资效益实现最大化，其对意外事故的避免与消除能有效减少工程资金的不必要消耗，而且对工程进度和工程质量都有正面影响，多方面的特征令安全管理在投资效益方面体现出极大的优越性。

通信设备工程的施工存在多种类型的安全隐患，最常见是机械损伤、火灾事故及用电安全。下面将详细论述机械损伤、火灾事故、用电安全以及如何进行安全管理。

5.1.1　机械损伤

机械损伤是建筑施工中发生率最高的安全事故，由于通信设备工程中要使用一些架设通信设备专用的特殊机械，因此该类安全问题的发生率更高。引发该类安全问题的最根本原因在于施工人员的安全意识过于淡薄，例如，施工人员在进行作业时不使用安全帽或安全绳，操作机械时未摘下易被绞入的手套或饰品，对专门的特殊机械不了解，违反操作规程等，这些行为都属于安全意识淡薄的表现。

5.1.2　火灾事故

火灾事故的发生率比机械损伤低，但危害性比机械损伤大。由于通信设备工程的施工现场环境往往较为复杂，一旦失火，无论是人员逃生还是营救都非常困难。通常火灾事故都是对高温设备或电气设备的安全管理不到位而造成的，比如对乙炔气体的使用或保管不谨慎、使用电焊时未设置防护措施、乱接电线等，如果安全管理对这些行为不加约束就很容易引发火灾。

5.1.3　用电安全

通信设备工程的施工与工程通常要使用大量的电气设备，但实际的施工中，许多企业对这些设备的安全管理缺乏认识，将电气设备与普通的施工设备同等处理，这就为后续的安全工作埋下了严重的隐患。以最常见的配电线路为例，配电线路不仅需要防水、防潮，而且必须确保完好性，如果与普通设备一同保管搬运，线路绝缘层破损、接头松脱、受潮等问题的发生率就会提高，不经检修就使用这种线路，很可能引发短路、过热、漏电等事故，严重威胁施工人员的人身安全，更严重的还有可能引发机械损伤或火灾等二次事故。

5.1.4　安全管理

我国在通信设备共享有的安全管理方面有许多可以当作依据的法律规范，其中有针对全部类型工程建设与安全生产的，也有专门针对通信建设工程的，可以为工程安全管理人员提供足够的标准与法律依据，具体的法律与规范见表 5-1。

表 5-1　　　　　　　　　　安全管理相关法律规范

建筑工程法律规范	通信设备工程独有法律规范	其他相关法律规范
《中华人民共和国建筑法》 《中华人民共和国安全生产法》 《安全生产许可证条例》 《建设工程监理规范》 《建设工程安全生产管理条例》	《通信建设工程安全 生产管理规定》	《中华人民共和国环境保护法》 《中华人民共和国消防法》 《中华人民共和国道路交通安全法》

此外，在实际进行安全管理工作时，管理人员应当事先详细分析工程可行性方面的研究报告、具体的施工图纸、初步的设计文件等工程相关文件，并依照实际的工程合同与监理合同订立全面的安全管理方案。

安全管理和安全生产工作必然需要一定的资金费用，该项支出要由设计通信设备工程的相关单位提前写入预算，并在拨款时确实拨付。在建设过程中主要需要考虑下面几点。

1. 对责任制度加以健全

通信设备工程施工期间负责安全生产工作的第一责任人就是施工单位的负责人，这个责任必须要加以明确。第一责任人务必全面地负责起安全管理工作，将安全管理工作渗透进日常工作的每一个角落，自上而下地对安全管理的措施和责任加以明确落实，通过健全具体的责任制度统筹起整个工程的安全管理工作。具体来说，安全管理的责任要细化到每一个施工部门、每一个工程项目。施工部门以部门经理为责任人，工程项目以专职安全员为责任人，这些安全管理人员除了要进行日常的安全监理外，对通信设备工程的重点安全防护部分还要进行定期和不定期的检查与抽查。

2. 对制度章程加以完善

施工企业要订立专门的安全制度与安全章程，并以此对安全措施进行强化。通信设备工程具有种类繁多的特点，不同工程的安全管理细节都有一定的差异，因此对相关制度章程的完善必须要视工程项目的不同有针对性地进行。安全制度的完善包括两方面：①对安全管理目标的完善，务必要将管理目标细化，确保没有遗漏和死角；②对安全控制措施的完善，除了相关的技术措施外还有订立适当的奖惩措施，对消除安全隐患的行为予以奖励，对造成安全事故或安全隐患的行为予以严惩。为提高订立的安全制度的针对性和实际功用，工程的技术负责人应事先对专职的安全员和安全责任人进行技术交底，这样安全管理工作才能更有效率地进行。

3. 施工方法的管理以及控制

通常情况下，通信设备工程在实际施工之前要做好现场勘查、质量规划等工作，全面分析以及识别关键环节、关键地段的施工过程，确保能够构成施工组织设计。工程项目主要管理人员应该根据通信工程的施工情况，有针对性地制定质量控制措施、工程施工进度以及合理的施工方案等，确保工程施工中遇到的问题得到全面解决。通过审核现场勘查报告、施工设计图纸、工程分析报告、工程技术文件等，确保工程质量安全控制以及使安全管理得以实现，并且应该通过针对性的措施，全方位控制以及管理工程质量并实现生产安全。

4. 完善环境管理以及环境控制

环境因素具体包括工程技术环境、劳动工作环境、设备安装环境、施工环境等方面，通过分析不同环境的条件以及基本特征，应该有针对性地管理以及控制环境因素，使工程质量受到环境因素影响的情况得到有效的避免以及减少。通信工程施工环境应该规范整齐的摆放施工物料，根据材料的类型进行分开管理操作。设备安装环境应该符合设备安装的需求，应该观察接地电阻、接地保护系统是否能符合要求，施工湿度、温度是否处于合理状态，消防、照明设备是否完善，通道状况是否处于良好状态，全面认真地检查上述问题，确保全部条件均符合情况下，才能得以施工。施工人员在施工现场应该根据机房制度形式，注意自身的工作形象，达到文明施工的要求，防止出现野蛮施工以及违规施工等情况。另外，工程技术的环境应该对现场施工、施工进度、技术措施、施工方法、施工顺序、质量标准等方面有全面的掌握，保障施工质量，确保能够满足安全生产的需求。

5.2 超长距离光传输系统通用施工步骤

超长站距光传输系统较传统通信系统由于对工艺要求较高，在施工安装方面需要特别注意。尤其是涉及遥泵放大器、分布式拉曼放大器的超长站距光传输系统的安装，需严格按照相关要求进行设备的安装。

5.2.1 开箱检查

打开包装箱，对照装箱清单，确认包装箱中有所列材料，若有缺损，需及时与设备供货商联系。

5.2.2 安装步骤

（1）将光路子系统设备机箱取出后，平稳放置在水平桌面或固定在机架上。

（2）将固定设备的两套螺钉的螺母扣在机架两边的耳孔上，然后将螺栓穿过设备的耳孔和机架的耳孔，最后与螺母一起铆紧。

（3）用十字螺丝刀分别将主、备电源线的蓝线接在－48V（负极），黑线接在 0V（正极）上，并将告警信号线按照规定的接法与机房的告警设备接在一起。通过铜导线将机壳（保护接地）与机架保护地良好接触。

（4）将电源开关置于"开"状态，观察面板上的指示灯是否正确，通常，对于大多数光路子系统设备机箱，此时电源指示灯（绿灯）、输入告警灯（红灯）和预告警灯（红灯）应处于发光状态。

（5）打开单盘包装，取出单盘，插入光路子系统设备子框，清洁光纤端面，确保光纤端面干净。

（6）将光口上的保护帽取下，为了防止设备端口烧毁，与拉曼放大器光口相连的光纤跳线必须保持清洁，最好不要经常插拔。通常，对于多数光路子系统设备机箱，按照信号的方向，信号光的输入口应连接"IN"口，信号光的输出口应连接"OUT"口。

（7）给机箱上电，确保其工作正常。

（8）将光口上的保护帽取下，设备输入端口与机房近端设备的发射端口相连，设备输出端口与机房传输光缆相连。通常情况下，如果连接正确且线路上有业务，面板上只有电源指示灯（绿灯）点亮，其他均处于熄灭状态。在光口安装前，应用光功率计测量输入端设备的发射光功率，确认是否在设备允许输入的正常光功率范围内；确认输入端设备有光输出时，应测量输出光功率是否与测试报告一致。

5.2.3　安装过程中常见问题及解决办法

（1）问题 1：开机后不上电。解决方法：检查所用电源类型是否为直流类型，是否在产品说明书给定的电压范围之内，并且检查电源正负极性。所用电源应该符合产品说明书中电源指标。

（2）问题 2：输入告警指示灯亮。解决方法：检查光输入口处的光功率，并确认光功率是否大于接收机灵敏度。如果光功率满足要求而仍然告警，则需确认输入光波长是否加载业务，以及输入光波长是否满足接收机的接收波长范围。

（3）问题 3：预告警指示灯亮。解决方法：灯亮表示光输出口由于内部器件性能劣化，导致出光功率不满足标称功率最低要求，需要更换放大器发光模块等内部器件。

（4）问题 4：温度告警指示灯亮。解决方法：检查风扇是否运转，并请确认环境温度满足设备工作条件。

5.3　遥泵放大器安装调试

遥泵放大器是一种远程光放大器子系统，满足不具备供电条件和监控条件地区的光中继应用需求，具有可延长单跨段无中继传输距离、节省组网成本等优势。它是超长单跨段传输中的一种功率补偿解决方案。遥泵放大器包含 RPU 和 RGU 两部分。遥泵放大器现场安装示意图如图 5 - 1 所示，RPU 放置于终端机房内，提供泵浦光；RGU 放置于线路中铁塔上，用于放大信号光。遥泵放大器安装调试过程在各类放大器中最为复杂，本节将详细介绍。

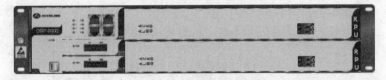

(a)RPU

(b)RGU

图 5-1　遥泵放大器现场安装示意图

5.3.1　安装准备

（1）工具、仪表和材料。机械工具：螺丝刀、扳手等。熔接工具：光纤熔接机、切割刀、剥线钳、酒精、擦纤纸、热缩管等。调试工具：光功率计（33dBm，10dBm）、OTDR、LC 和 FC 跳纤等。

（2）安装准备工作。两端站点准备工作：

在安装塔上遥泵放大器前，务必保证两端站点的 SDH 设备和光路子系统设备已经安装调试好，具备上电工作能力。完成远程泵浦单元的安装和上电工作，并且与 ODF 机架的跳纤连接好。

铁塔站点准备工作：

在前往铁塔站点前，检查携带好机械工具、熔接工具、调试工具以及遥泵放大器接头盒。务必小心放置遥泵放大器（严禁高空跌落）。

5.3.2　安装调试

1. 取下 OPGW 光缆

从铁塔上将 OPGW 光缆取下（如果有光缆接头盒，将光缆接头盒和 OPGW 光缆一同取下），轻放置于平整地面上，光缆接头盒及 OPGW 光缆如图 5-2 所示。

2. 固定接头盒平台

先用螺丝刀将接头盒打开，打开光缆接头盒如图 5-3 所示。然后将各配件有序放置在工作台上。再将该接头盒固定在操作台上，避免后续熔纤时摇晃，接光缆接头盒固定在操作台上如图 5-4 所示。

图 5-2　光缆接头盒及 OPGW 光缆

图 5-3　打开光缆接头盒

图 5-4　将光缆接头盒固定在操作台上

3. 熔接光纤

在测试系统传输光纤性能之前，将部分纤芯熔接起来塔 1 和塔 2 的光纤熔接分别如图 5-5 和图 5-6 所示。光缆接头盒内部可以放置 3 层存纤盘，首先将一个存纤盘放置在底层，然后将熔接好的光纤放置在存纤盘内。

对于塔 1 站点，首先将 2 号、4 号、6 号、8 号以及 9～24 号纤芯熔接好，然后排列好放置在底层存纤盘内。如图 5-5 所示。

对于塔 2 站点，首先将 1 号、3 号、5 号、7 号以及 9～24 号纤芯熔接好，然后排列好放置在底层存纤盘内。如图 5-6 所示。

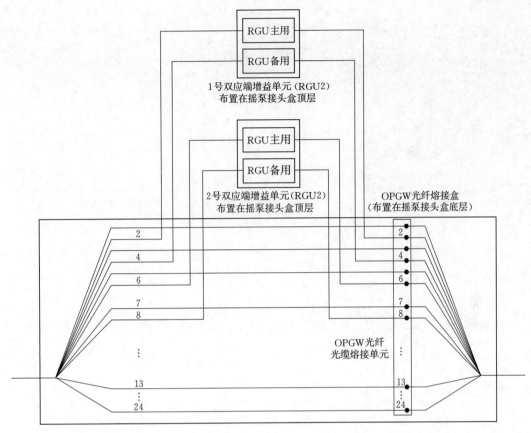

图 5-5　塔 1 光纤熔接

4. 光纤线路检测

完成第 3 步两个塔点部分光纤的熔接后，开始检测两个方向的传输光纤性能参数是否满足要求。主要是检测遥泵放大器两端的线路损耗是否正常，进入遥泵放大器的泵浦光功率是否满足要求。

（1）塔 1 点。对于塔 1 站点，需要检测 1 号、3 号、5 号、7 号光纤的性能参数。

在站点 A，将 FEC 的线路侧输出端接入功率放大器 BA 的输入端，在网管上将 BA 输出光功率设置为 15dBm，用一根跳纤将 BA 输出端接入到 ODF 机架的 1 号纤芯（接入前，用 33dBm 功率计测试进入 ODF 机架的实测光功率 P_{in}）；在塔 1 站点将一根 FC 跳纤与 1 号纤芯（来自站点 A 方向）熔接，用 10dBm 功率计测试接收光功率 P_{out}，$P_{in} - P_{out}$ 即为站点 A～塔 1 之间的 1 号纤芯损耗。

在站点 B，用一根跳纤将 FEC 的线路侧输出端接入到 ODF 机架的 1 号纤芯（接入前，用 33dBm 功率计测试进入 ODF 机架的实测光功率 P'_{in}）；在塔 1 站点将一根 FC 跳纤与 1 号纤芯（来自站点 B 方向）熔接，用 10dBm 功率计测试接收光功率 P'_{out}，$P'_{in} - P'_{out}$ 即为塔 1～站点 B 之间的 1 号纤芯损耗。

在站点 B，用一根跳纤将 RPU 的 IN 端接入到 ODF 机架的 1 号纤芯；在塔 1 站点将一根 FC 跳纤与 1 号纤芯（来自站点 B 方向）熔接，用 33dBm 功率计（波长调为 1480nm）

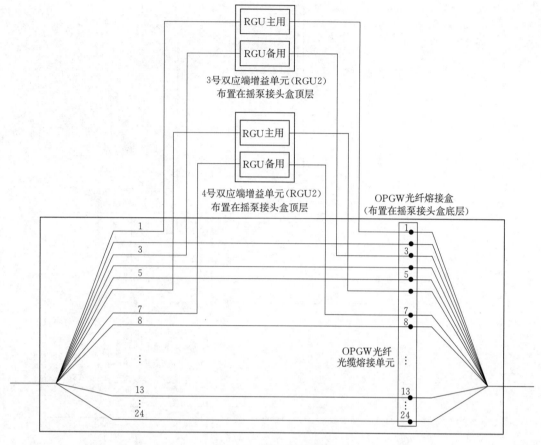

图 5-6 塔 2 光纤熔接

测试遥泵放大器接收的泵浦光功率 P_{Pump}，测试其是否满足要求（SDH 系统要求 $P_{Pump} \geqslant$ 10dBm；OTN 系统要求 $P_{Pump} \geqslant 12$dBm）。

以此类推，然后分别测试 3 号、5 号、7 号纤芯的光纤性能参数和泵浦光参数是否满足要求，如不能满足，在两端站点用 OTDR 接入 ODF 机架对应纤芯测试光纤线路是否有较大插损点，然后进行排查。

（2）塔 2 点。对于塔 2 站点，需要检测 2 号、4 号、6 号、8 号光纤线路的性能参数。

在站点 B，将 FEC 的线路侧输出端接入功率放大器 BA 的输入端，在网管上将 BA 输出光功率设置为 15dBm，用一根跳纤将 BA 输出端接入到 ODF 机架的 2 号纤芯（接入前，用 33dBm 功率计测试进入 ODF 机架的实测光功率 P_{in}）；在塔 2 站点将一根 FC 跳纤与 2 号纤芯（来自站点 B 方向）熔接，用 10dBm 功率计测试接收光功率 P_{out}，$P_{in} - P_{out}$ 即为站点 B~塔 1 之间的 2 号纤芯损耗。

在站点 A，用一根跳纤将 FEC 的线路侧输出端接入到 ODF 机架的 2 号纤芯（接入前，用 33dBm 功率计测试进入 ODF 机架的实测光功率 P'_{in}）；在塔 2 站点将一根 FC 跳纤与 2 号纤芯（来自站点 A 方向）熔接，用 10dBm 功率计测试接收光功率 P'_{out}，$P'_{in} - P'_{out}$ 即为塔 2~站点 A 之间的 2 号纤芯损耗。

在站点 A，用一根跳纤将 RPU 的 IN 端接入到 ODF 机架的 2 号纤芯；在塔 2 站点将一根 FC 跳纤与 2 号纤芯（来自站点 A 方向）熔接，用 33dBm 功率计（波长调为 1480nm）测试遥泵放大器接收的泵浦光功率 P_{Pump}，测试其是否满足要求（SDH 系统要求 $P_{Pump} \geqslant 10dBm$；OTN 系统要求 $P_{Pump} \geqslant 12dBm$）。

以此类推，然后分别测试 4 号、6 号、8 号纤芯的光纤性能参数和泵浦光参数是否满足要求，如不能满足，在两端站点用 OTDR 接入 ODF 机架对应纤芯测试光纤线路是否有较大插损点，然后进行排查。

5. 远程增益单元的熔接

验证完 1～8 号光纤的性能参数后，将远程增益单元放置在接头盒内。

（1）塔 1 点。先将底部存纤盘的来自站点 B 方向的 4 号纤芯和 8 号纤芯与来自站点 A 方向的 4 号纤芯和 8 号纤芯用一根软管穿起来，软管一段固定在底层存纤盘的左出口，软管的另一端固定在中间层存纤盘的右出口，将中间层存纤盘放置在底层存纤盘的上面，两存纤盘间连接光纤用的保护软管如图 5-7 所示。

图 5-7 两存纤盘间连接光纤用的保护软管

将底层存纤盘来自站点 B 方向的 4 号纤芯（棕）穿进软管，从软管出来后与 2 号～4 号 IN 端口熔接，并将熔接热缩管固定在中间层存纤盘内，将底层存纤盘来自站点 B 方向的 8 号纤芯（黑）穿进软管，从软管出来后与 2 号～8 号 IN 端口熔接，并将熔接热缩管固定在中间层存纤盘内；将底层存纤盘来自站点 A 方向的 4 号纤芯（棕）穿进软管，从软管出来后与 2 号～4 号 OUT 端口熔接，并将熔接热缩管固定在中间层存纤盘内；将底层存纤盘来自站点 A 方向的 8 号纤芯（黑）穿进软管，从软管出来后与 2 号～4 号-OUT 端口熔接，并将熔接热缩管固定在中间层存纤盘内，底层存纤盘与中间层存纤盘之间的光纤连接关系如图 5-8 所示。2 号远程增益单元的光纤连接如图 5-9 所示。

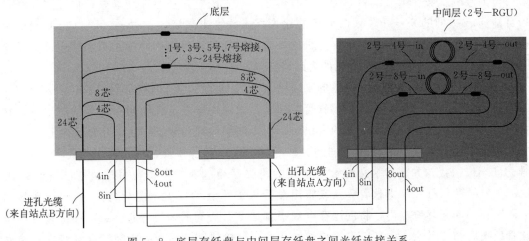

图 5-8 底层存纤盘与中间层存纤盘之间光纤连接关系

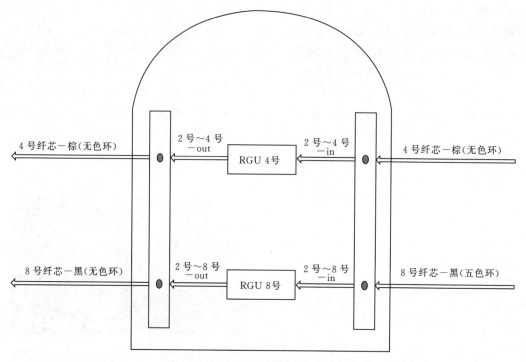

图 5-9　2 号远程增益单元的光纤连接

将底部存纤盘的来自站点 B 方向的 2 号纤芯和 6 号纤芯与来自站点 A 方向的 2 号纤芯和 6 号纤芯用一根软管穿起来，软管一段固定在底层存纤盘的右出口，软管的另一端固定在顶层存纤盘的左出口，将顶层存纤盘放置在中间层存纤盘的上面。

将底层存纤盘来自站点 B 方向的 2 号纤芯（橙）穿进软管，从软管出来后与 1 号～2 号-IN 端口熔接，并将熔接热缩管固定在顶层存纤盘内，将底层存纤盘来自站点 B 方向的 6 号纤芯（白）穿进软管，从软管出来后与 1 号～6 号-IN 端口熔接，并将熔接热缩管固定在顶层存纤盘内，将底层存纤盘来自站点 A 方向的 2 号纤芯（橙）穿进软管，从软管出来后与 1 号～2 号-OUT 端口熔接，并将熔接热缩管固定在顶层存纤盘内；将底层存纤盘来自站点 A 方向的 6 号纤芯（白）穿进软管，从软管出来后与 1 号～6 号-OUT 端口熔接，并将熔接热缩管固定在顶层存纤盘内，底层存纤盘与顶层存纤盘之间光纤连接关系如图 5-10 所示。1 号远程增益单元的光纤连接如图 5-11 所示。

（2）塔 2 点。先将底部存纤盘的来自站点 A 方向的 3 号纤芯和 7 号纤芯与来自站点 B 方向的 3 号纤芯和 7 号纤芯用一根软管穿起来，软管一段固定在底层存纤盘的左出口，软管的另一端固定在中间层存纤盘的右出口，将中间层存纤盘放置在底层存纤盘的上面。

将底层存纤盘来自站点 A 方向的 3 号纤芯（绿）穿进软管，从软管出来后与 4 号～3 号-IN 端口熔接，并将熔接热缩管固定在中间层存纤盘内，将底层存纤盘来自站点 A 方向的 7 号纤芯（红）穿进软管，从软管出来后与 4 号～7 号-IN 端口熔接，并将熔接热缩管固定在中间层存纤盘内，将底层存纤盘来自站点 B 方向的 3 号纤芯（绿）穿进软管，从软管出来后与 4 号～3 号-OUT 端口熔接，并将熔接热缩管固定在中间层存纤盘内；将底

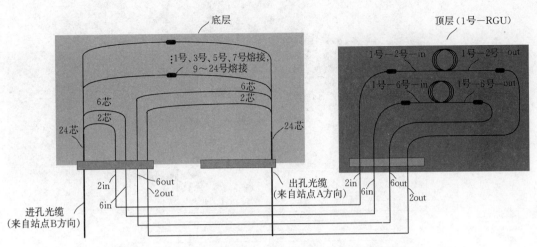

图 5-10　底层存纤盘与顶层存纤盘之间光纤连接关系

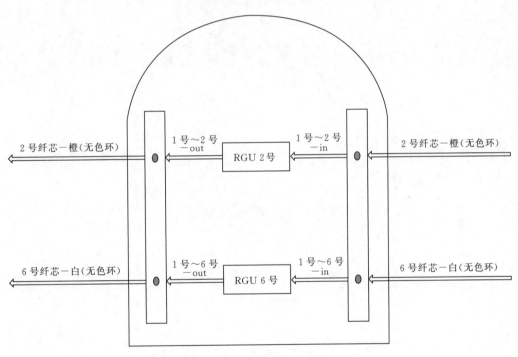

图 5-11　1 号远程增益单元的光纤连接

层存纤盘来自站点 B 方向的 7 号纤芯（红）穿进软管，从软管出来后与 4 号-7 号-OUT 端口熔接，并将熔接热缩管固定在中间层存纤盘内。底层存纤盘与中间存纤盘之间的光纤连接如图 5-12 所示。4 号远程增益单元的光纤连接如图 5-13 所示。

将底部存纤盘的来自站点 A 方向的 1 号纤芯和 5 号纤芯与来自站点 B 方向的 1 号纤芯和 5 号纤芯用一根软管穿起来，软管一段固定在底层存纤盘的右出口，软管的另一端固定在顶层存纤盘的左出口，将顶层存纤盘放置在中间层存纤盘的上面。

将底层存纤盘来自站点 A 方向的 1 号纤芯（蓝）穿进软管，从软管出来后与 3 号～1

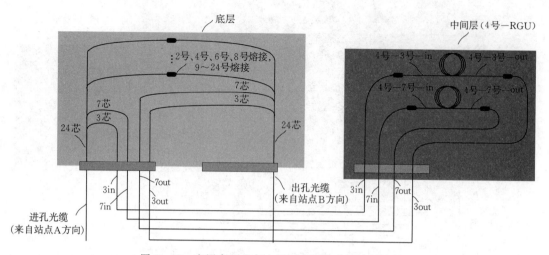

图 5-12　底层存纤盘与中间层存纤盘之间光纤连接

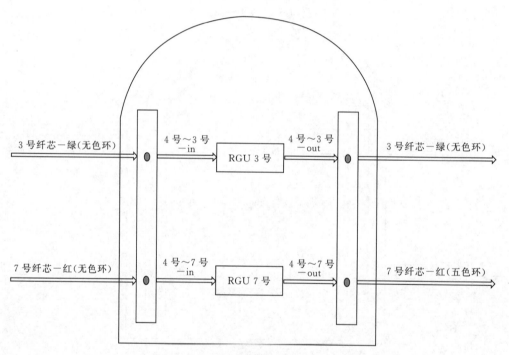

图 5-13　4 号远程增益单元的光纤连接

号-IN 端口熔接,并将熔接热缩管固定在顶层存纤盘内,将底层存纤盘来自站点 A 方向的 5 号纤芯(灰)穿进软管,从软管出来后与 3 号~5 号-IN 端口熔接,并将熔接热缩管固定在顶层存纤盘内,将底层存纤盘来自站点 B 方向的 1 号纤芯(蓝)穿进软管,从软管出来后与 3 号~1 号-OUT 端口熔接,并将熔接热缩管固定在顶层存纤盘内;将底层存纤盘来自站点 B 方向的 5 号纤芯(灰)穿进软管,从软管出来后与 3 号~5 号-OUT 端口熔接,并将熔接热缩管固定在顶层存纤盘内。底层存纤盘与顶层存纤盘之间的光纤连接如图 5-14 所示。3 号远程增益单元的光纤连接如图 5-15 所示。

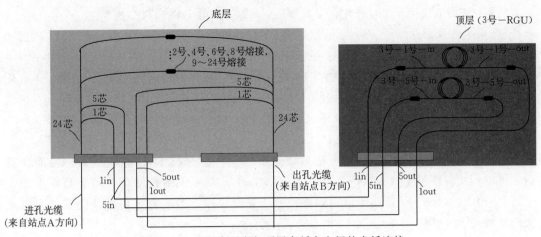

图 5-14 底层存纤盘与顶层存纤盘之间的光纤连接

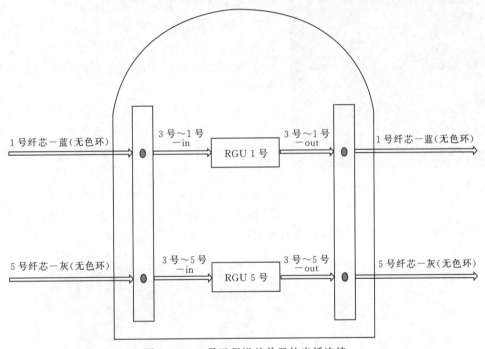

图 5-15 3号远程增益单元的光纤连接

6. 系统调试

当塔 1 点的底层存纤盘的来自站点 A 和站点 B 两方向的 2 号纤芯、4 号纤芯、6 号纤芯、8 号纤芯光纤分别与中间层存纤盘（2 号远程增益单元）以及顶层存纤盘（1 号远程增益单元）间的光纤完成熔接后，此时站点 B 发、站点 A 收方向的 SDH 系统已经完成所有的线路连接了，将站点 B 站（发送端）和站点 A 站（接收端）的 SDH 设备和光路子系统设备按照设计要求，依次安装和连接好，并且使得网管能够监控。然后开启该方向的 4 路 SDH 传输系统，可通过光路子系统的 FEC 设备检验系统传输的误码性能状态（也可通过 SDH 设备网管监控线路传输性能状态）。

　　当塔 2 点的底层存纤盘的来自站点 A 和站点 B 两方向的 1 号纤芯、3 号纤芯、5 号纤芯、7 号纤芯分别与中间层存纤盘（4 号远程增益单元）以及顶层存纤盘（3 号远程增益单元）间的光纤完成熔接后，此时站点 A 发、站点 B 收方向的 SDH 系统已经完成所有的线路连接。将站点 A 站（发送端）和站点 B 站（接收端）的 SDH 设备和光路子系统设备按照设计要求，依次安装和连接好，并且使得网管能够监控。然后开启该方向的 4 路 SDH 传输系统，可通过光路子系统的 FEC 设备检验系统传输的误码性能状态（也可通过 SDH 设备网管监控线路传输性能状态）。

　　7. 将遥泵接头盒装上铁塔

　　当第 6 步已经验证完成站点 A 站与站点 B 站之间的 8 路 SDH 系统线路的传输性能后，可以开始将接头盒装上铁塔。在装上铁塔之前，站点 A 站和站点 B 站分布将未安装至塔上的 8 路系统的 FEC 纠错前误码率记录下来（以用于判断安装前后及安装过程中系统的性能是否有变化）。

图 5-16　安装固定接头盒各配件

　　完成系统验证后，将底层存纤盘、中间层存纤盘和顶层存纤盘的两端用螺丝固定好，然后将软管、光纤捋顺，避免弯曲过大和弯折。将外罩把接头盒固定好，同时用螺丝刀和填缝剂将 OPGW 光缆与接头盒间固定好。安装固定接头盒各配件如图 5-16 所示。

　　用一根麻绳将接头盒系上，工作人员在塔上将接头盒慢慢拉上铁塔安装点位置。然后将接头盒固定在铁塔上，并将余览整齐固定在十字架上。安装接头盒至铁塔如图 5-17 所示。

　　固定好接头盒后，在站点 A 和站点 B 观察 8 路 SDH 系统接收端的 FEC 设备的纠错前误码率的变化情况，如无较大变化，则线路遥泵放大器安装完毕。

图 5-17　安装接头盒至铁塔

5.4　大功率放大器安装运维注意事项

　　（1）由于遥泵、拉曼放大器泵浦发光功率很大，因此在安装和故障处理过程中必须关闭泵浦激光器，无论任何时候都不要用人眼直视光纤端面，以免灼伤眼睛。

（2）安装遥泵光路子系统时若采用 ADSS 光缆，其需求长度及预留长度需现场勘测。首先需提前勘测确定遥泵接头盒的塔上固定位置，从而确定 ADSS 光缆长度及预留的长度，包括在接头盒内部和在接头盒外部，使其符合工程施工标准。

（3）一般光缆接头盒有三个孔，其中一个密封，另外两个打通，分别连接两端光缆。安装遥泵光路子系统光缆接头盒时，与遥泵接头盒连接需打通第三个孔。打通第三个孔需采用专业设备，由于安装遥泵放大器的铁塔位置一般较偏僻，因此需带上专业开孔设备，或提前做好工作计划送专业开孔处开孔，确保工程施工按计划完成。

（4）遥泵放大器调试时，需保证系统发送端与遥泵放大器之间光缆线路已连通，并有遥泵系统用纤芯线路损耗测试报告，且各项性能参数满足前期系统设计要求；遥泵放大器与系统接收端之间光缆同样满足要求。

（5）遥泵放大器的工程施工与调试是同步进行的，安装方法按工程施工规范施行。遥泵放大器调试需在两端站点设备调试完成后进行。因此遥泵系统安装和调试顺序为先安装调试发送端站点和接收端站点，各站点设备已上电，且设备已用光纤跳线连接至 ODF 配线架的遥泵系统纤芯。最后调试遥泵放大器设备。

（6）安装遥泵和拉曼放大器时，需首先落实设备安装所在机房站点工作票，提前检查机房是否具备设备安装和上电条件，以及机房空调、电源等情况。确保机房照明（由于可能涉及晚上施工），确认插座是否带电，确保空调或温度调节设备工作正常，使得通信设备工作在正常状态。

（7）发往施工地点的设备清单需仔细检查，避免少发、错发从而延误工期。施工地点涉及的调试工具有功率计、尾纤、光纤断面测试仪、OTDR、光纤接头清洁器、法兰盘等。

（8）遥泵放大器安装时，涉及高空作业、光缆熔接、设备调试，因此涉及人员有高空作业施工人员、光缆熔接工程师、设备调试工程师，因此需根据当地环境、气候温度等配备医药箱等应急处理设备。由于遥泵放大器铁塔位置一般较为偏僻，安装和调试时应考虑气候条件，确保设备和人员顺利安全进出站点。

（9）遥泵系统安装与调试可能会影响其他在线实时业务。基站线路会涉及电源安装、ODF 配线架纤芯对接、光放设备与基站通信设备连接等问题。电源安装时注意空开电源端口是否足够、连接顺序、设备接地、标识好设备与空开对应关系，以便调试和后期检修。光放设备需与 ODF 配线架遥泵系统用纤芯对接，不要随便连接或断开已连接线路，避免中断在线实时业务，如有疑问如端口不对应时，一定同相关人员沟通确认后再操作。光放设备与基站通信设备会有跳线连接，不能随便插拔板卡，按照操作方案实施。

（10）遥泵放大器处涉及的光缆断开和熔接会与在线实施业务之间存在相互影响关系，如该光缆线路有部分纤芯正在传输实时通信信号，安装过程中一定小心操作，轻拿轻放，避免中断实时在线业务。同时再连接遥泵放大器时，需断开部分纤芯，此时务必确认好遥泵系统所用的纤芯号码，断开纤芯时避免触碰其他熔接点，接头盒放置好，避免大的碰撞和纤芯触碰及过度弯曲。

（11）遥泵放大器接头盒和光缆接头盒均放置在铁塔上，有高空作业危险性，进入施工现场的人员必须正确戴好安全帽。高处各种工器具和材料必须使用绳索传递，严禁随意抛扔。工程施工前，应对用于施工的各种工器具、安全防护用品进行认真的外观监护和性能检查，对有缺陷或经验不符合施工要求的工器具、劳动防护用品严禁带入施工现场。现场所有设备，非专业人员严禁操作，高空作业、光缆熔接、设备调试需由各自专业工程师操作。

（12）纤芯熔接需采用熔接机、切割刀、剥纤钳、酒精、擦纤纸、热缩管等，各熔接点一定固定在盘纤槽里，并采用胶水或胶带加固，避免后期脱落。

（13）安装遥泵光路子系统时，现场需测试 RPU 发出的泵浦光经光纤传输至 RGU 处的泵浦光功率，多波系统需确保 RGU 处接收泵浦光功率大于 12dBm，并测试远程增益单元的增益特性。

（14）在进行 RGU 安装之前，需做好如下安装准备：清洁工作台，从接头盒的包装箱中，取出盘纤板部分的连接螺柱、螺母，按顺序在工作台上放好，检查 RGU 单元与接头盒相连的六角螺柱、转接板、转接螺钉以及安装工具，如十字螺丝刀和六角套筒是否齐备，检查 RGU 单元是否留有足够长的尾纤，便于工程施工现场熔纤。

（15）在安装过程中，由于 RGU 盒体内盘放的掺铒光纤通过带 FC 连接器的尾纤连接到盘纤盒，在光纤未进行熔接之前，请注意保护 RGU 的尾纤，防止弯折。支架、RGU 盒、盘纤盒在连接过程中注意轻拿轻放。

（16）安装拉曼或远程泵浦单元时，单盘需插在机箱上，但不要插入背板，且保持激光器关闭。

（17）在拉曼或远程泵浦单元连接光纤之前，必须首先清洁光纤，并用光纤端面测试仪观察光纤端面无杂质后方可连纤。光纤连接好后方可上电并开启激光器。

（18）为确保拉曼或远程泵浦单元正常工作，系统性能指标正常，避免线路被烧毁，对光缆、光纤连接器和 OTDR 有如下要求：

1）20km 内不宜采用光纤连接器，否则容易烧毁器件，并且影响拉曼或远程泵浦单元开关增益。

2）10km 内的单点附加损耗小于 0.1dB（G.652 光纤）或 0.2dB（G.655 光纤）。

3）10～20km 内的单点附加损耗小于 0.2dB（G.652 光纤）或 0.4dB（G.655 光纤）。

4）20～30km 内的单点附加损耗小于 0.4dB；

5）30～40km 内的单点附加损耗小于 1dB；

6）40km 以外的单点附加损耗小于 2dB；

7）单点回损不能小于 40dB；

8）OTDR 动态范围应大于 45dB，在发送端和接收端采用 2 台 OTDR，以实现遥泵光路子系统的光缆性能全程监视。

5.5　日常运维与典型故障处理

故障的发生有些是缘于日积月累，有些是突发事件，有些是人为破坏或自然灾害等，故障的检测和诊断包括日常巡查及突发紧急故障。

5.5.1 日常巡查及维护

做好日常巡检工作尤其重要，以尽早发现隐患尽早排除。日常维护主要工作如下：

（1）保持机房清洁干净，防尘防潮，防止鼠虫进入。

（2）检查机房电压输出是否正常，电源是否有异常告警，测试相对温湿度。

（3）设备运行状态检查包括观察各设备指示灯是否正常，尤其要观察风扇指示灯以及观察风扇转动情况是否正常。

（4）网管维护项目应包括检查网管的数据库工作是否正常，各设备是否可以检测，尤其要确保所有的设备都在网管上可检测。需对每台设备的性能值进行检查，重点要检查发送功率和接收功率有无明显变化。对存在劣化的设备尤其注意，时刻观察，利用检修期间及时更换设备。对于光缆劣化较大的链路，整个链路的余量不足时，也要利用检修期间查找光缆劣化的原因，及时修复。

（5）对于无法监测的设备需要在中心机房检查是否能连通设备。对于一段时间脱管的设备需要去机房查找原因，到了机房首先用电脑代替网管中心看是否能连通，是否能检测，如果在本地能够检测就需要检查网管通道的路由器等设备是否工作正常，如果在本地不能检测需要联系厂家更换设备，以确保设备都可以通过网管管理。

（6）日常网管维护需观测各设备是否能够检测，各单盘的温度是否有持续升高或持续降低的情况，当出现温度持续升高的情况，需要检查机房的运行环境是否正常，空调是否工作正常，之后检查设备的风扇是否工作正常，如风扇损坏需要通知厂家，及时更换风扇。

5.5.2 典型故障现象

日常运行维护中，主要有如下几种情况故障现象：

1. 网管上上报单站丢失，承载业务正常

网管上报告警信息，显示某网元监控数据丢失，无法对其操作配置，承载业务无中断。分析故障原因如下：

（1）外部原因，包括电源故障、网管通路路由器故障。

（2）网管集线器设备故障。

2. 网管上上报单站丢失，承载业务中断

网管上报告警信息，显示某网元监控数据丢失，无法对其操作配置，承载业务中断，分析故障原因如下：

（1）外部原因，包括电源故障、环境故障。

（2）网管设备故障、业务设备失效或性能劣化（主要包括光缆故障、法兰故障、掺铒放大器单盘故障、拉曼或远程泵浦单元开启故障等）。

3. 网管上报网元误码告警

网管上报某网元有误码告警，分析故障原因如下：

（1）外部原因包括光功率问题、接地故障、环境温度等。

（2）设备自身故障，如存在虚焊等现象。

5.5.3　常见故障排查

1. 告警、性能分析法

通过设备告警指示灯获取告警信息，这种方法能大概判断出故障的现象，但缺点是设备指示灯仅反映设备当前的运行状态，对于设备曾经出现过的故障，无法表示，设备指示灯状态只能反映设备告警，而不能准确告知具体告警信息。通过网管获取告警和性能信息，可以全面翔实获取当前存在哪些故障、告警发生时间以及设备的历史告警，能够获取设备性能事件的具体数值。

2. 仪表测试法

该法一般用于排除传输设备外部问题及与其他设备的对接问题，主要用到的仪表包括光功率计、OTDR、SDH 分析仪等。用 OTDR 定位光纤故障在实际操作中经常会用到。

3. 环回法和替换法

环回法是通过传输的路径图，逐个设备、逐段环回，定位故障点，根据环回现象初步定位故障设备或单盘。替换法就是使用一个工作正常的物件替换一个被怀疑工作不正常的物件，可替换物件包括光纤跳线、法兰盘、电源板、业务单板、设备等。

总的来说，故障定位主要跟归纳为"一分析，二环回，三替换"，当故障发生时，通过对告警事件、性能时间、业务流向的分析，初步判断故障点范围；之后逐个环回，排除外部故障，并最终将故障定位到单站，乃至单台设备；最后通过替换，排除故障问题。